小栗左多里＆トニー・ラズロ

手に持って、行こう

ダーリンの手仕事にっぽん

【刃物・和紙・器編】

ポプラ社

最初に持つもの

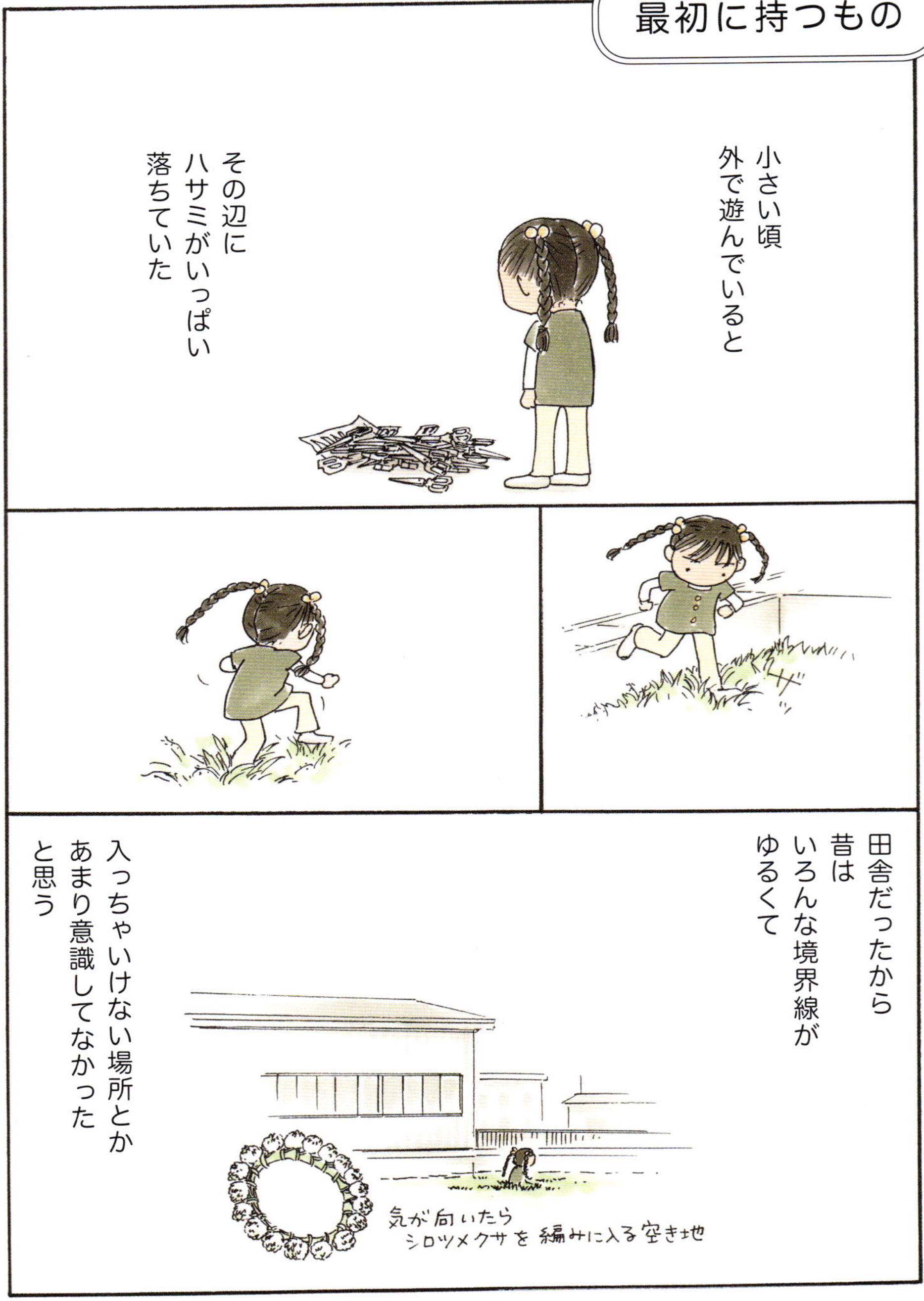
小さい頃
外で遊んでいると
その辺に
ハサミがいっぱい
落ちていた
田舎だったから
昔は
いろんな境界線が
ゆるくて
入っちゃいけない場所とか
あまり意識してなかった
と思う
気が向いたら
シロツメクサを編みに入る空き地

私のふるさとは
岐阜県関市
古くから
刃物を
作ってきた
戦国時代は
日本刀を
たくさん
関の孫六
その後多くは
日常の刃物に
移り
数多い工程を
分業制で
作ってきた
前の部分が
小さな工場に
なっている家も
結構あった
ガチャン
ガチャン
だからそういう
大小の工場から出た
いろんなものも
その辺に放置して
あったのだ
ゴミかどうか
よくわからない
拾っても
何も言われない
けど
すでに家には
もらいもののハサミや爪切りは
いっぱいあるからいらなかった

そしてたまに母が
私のおじいちゃんは侍やったんやよ
という話をしていた
へーー
よくあることかな？と思っていた
大学で上京してあるとき帰省したら
写真があって
これ誰？
侍やったおじいちゃんとおばあちゃん
一枚だけ写真出てきたで
それは晩年でちょんまげではなかったけど
私に似とる気がする…
ははは
そうかもなぁ
おばあちゃんは美人で評判やったんやよ
びじ……？
じゃっかんの宇宙人っぽさ
これ私もらっとくわ
うん
兄や姉もいるけど自然な流れで私がもらった

その後
トニーと
出会って
ナイフは持っておきたいな
そう?
あると便利でしょ
小さい頃ボーイスカウトに入っていたトニー
ナイフが使えるようになるのは「男になる」って感じだったんだ
木から必要なもの作ったり狩りをするとかサバイバルの技を教わったんだよ
武士とちょっと似てるかな
動物の足跡を見つけたり
サバイバルか…
今森の中でしばらく生きなきゃいけないとしたら
なにをする?

よくわからないけど
かなり最初のほうで
ナイフ欲しいと思うだろうね
たぶん
生きるために
持つものとして
まずは刃物が
いるってことだなー
ね
なければ
石とかを
削るしか
ないね
せめて
とんがらせる
だから
昔から
作られてたし
昔はもっと
身近だったん
だろうね
いろいろ
それは
言葉にも
表れていて
たとえば
「あいづちを打つ」
これは
もともと
鍛冶《かじ》で
二人が交互に
打ち合うこと
相槌
ほかにも
ふだん使う言葉で
鍛冶からきてるものは
いっぱいあるんだよ
それはまたおいおいね
なるほど

アメリカで一番多いという名字は「スミス」なんだけど
これは「鍛冶屋」って意味なんだ
鍛冶屋 = Smith
John Smith
山田太郎にあたる名前
しかしサバイバルを考えれば器もいるよね
どれも生きるのに必要なものだな
でも考えてみればよく知らないいね
岐阜では昔から陶器も作ってるし紙もすいてる
多治見
美濃
ということで刃物や器や紙について私の故郷で見たり聞いたり体験したりすることにしました
手で作り手に持つもの…生きるのに必要な持ちものの話です

はじめに

「真剣に鍛える」。
これを昔の人が聞いたら、
そのためにまず火を起こし、
金づちを持つだろう。
文字通り、切れる「真剣」にするために、
鋼を「鍛える」と受け止めるはず。
「鍛える」「鍛錬」は、鋼を熱くして打つこと。
いつの間にか生活の言葉になるくらい、
鍛治は身近だったのだ。
刃物だけでなく、紙、陶器……
作りながら、お話を聞きながら。
真剣に鍛えていただきました。

小栗左多里
トニー・ラズロ

関市 ヘソ説

岐阜県関市
それは「日本のヘソ」だと
言い張る町

なぜかと
言えば

ただ毎年
その点は
東へと
動いています

CONTENTS

PART 1 関の刃物

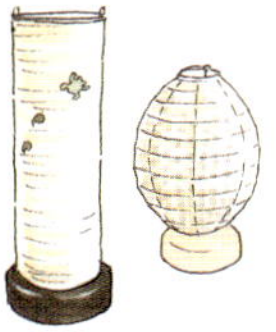

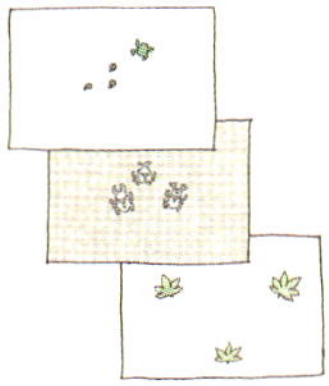

PART 2 美濃の和紙と多治見の器

話題になった
関市の「モネの池」
本来の「名もなき池」って呼び方のほうがカッコイイと思うけど…
キレイさにかわりはない

PART 1

関の刃物

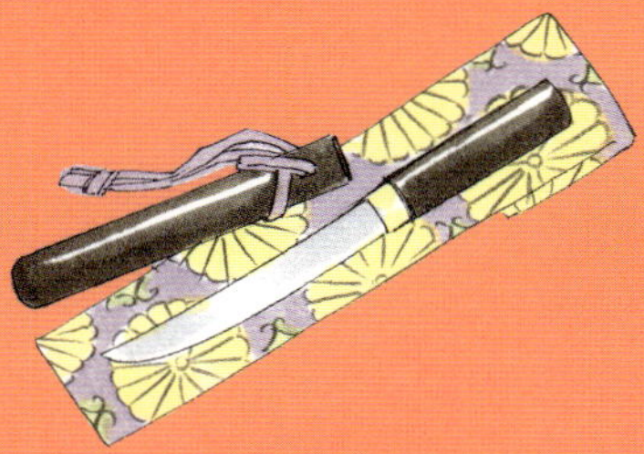

包丁を打つ①
さて私のふるさと岐阜県関市にやってきた私たち
たのもう!
直行したのは若き刀匠の工房
みなさんが持つかもしれないイメージ
刀匠
現実
あ こんにちはー
刀匠 福留《ふくどめ》房幸《ふさゆき》さん33歳
20歳で修業を始め独立して6年ほど
このときは仮の工房
刀…は打てないと思うので包丁を打たせてください
はい
とりあえず作りたい包丁の絵を描いてください
作りたい包丁の絵…!

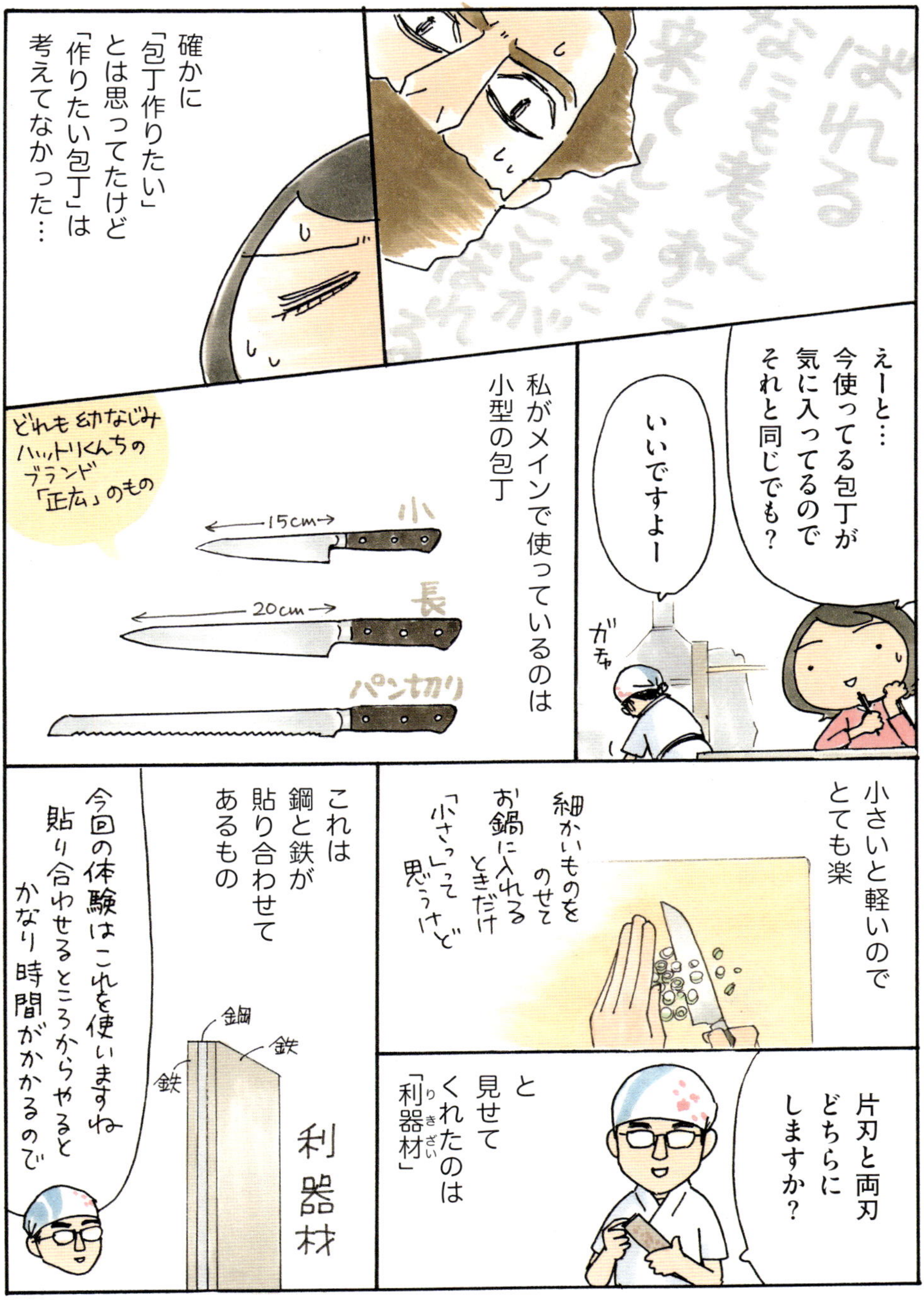
ばれる
なにも考えずに
来てしまった
確かに「包丁作りたい」とは思ってたけど「作りたい包丁」は考えてなかった…
えーと…今使ってる包丁が気に入ってるのでそれと同じでも？
いいですよー
ガチャ
私がメインで使っているのは小型の包丁
小
15cm
長
20cm
パン切り
どれも幼なじみハットリくんちのブランド「正広」のもの
小さいと軽いのでとても楽
細かいものをのせてお鍋に入れるときだけ「小さっ」って思うけど
片刃と両刃どちらにしますか？
と見せてくれたのは「利器材《りきざい》」
これは鋼と鉄が貼り合わせてあるもの
今回の体験はこれを使いますね 貼り合わせるところからやるとかなり時間がかかるので
利器材
鋼
鉄
鉄

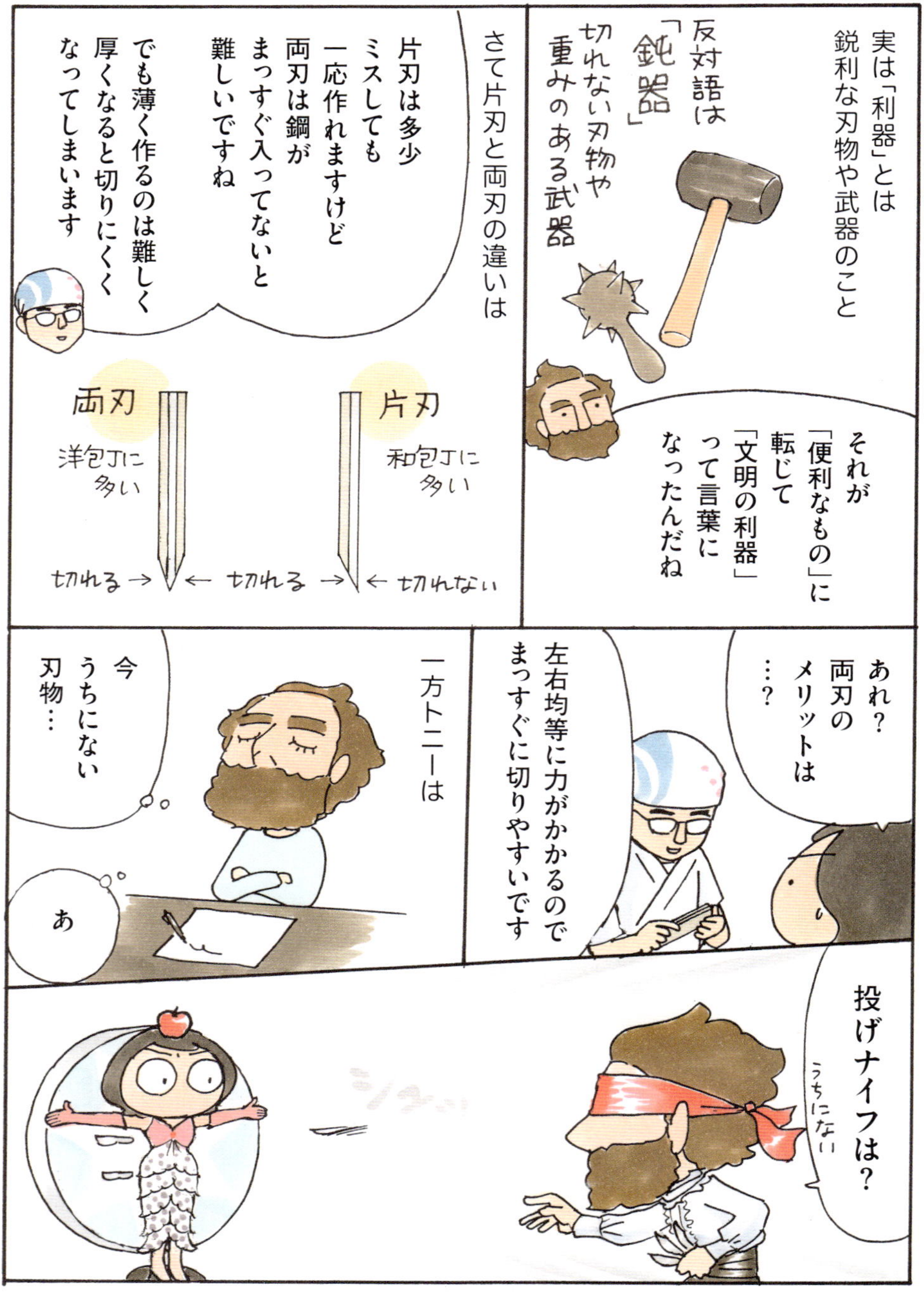

実は「利器」とは
鋭利な刃物や武器のこと
反対語は「鈍器」
切れない刃物や
重みのある武器
それが
「便利なもの」に
転じて
「文明の利器」
って言葉に
なったんだね
さて片刃と両刃の違いは
片刃は多少
ミスしても
一応作れますけど
両刃は鋼が
まっすぐ入ってないと
難しいですね
でも薄く作るのは難しく
厚くなると切りにくく
なってしまいます
片刃
和包丁に多い
両刃
洋包丁に多い
切れない
切れる
切れる
あれ？
両刃の
メリットは
…？
左右均等に力がかかるので
まっすぐに切りやすいです
一方トニーは
今
うちにない
刃物…
あ
投げナイフは？
うちにない

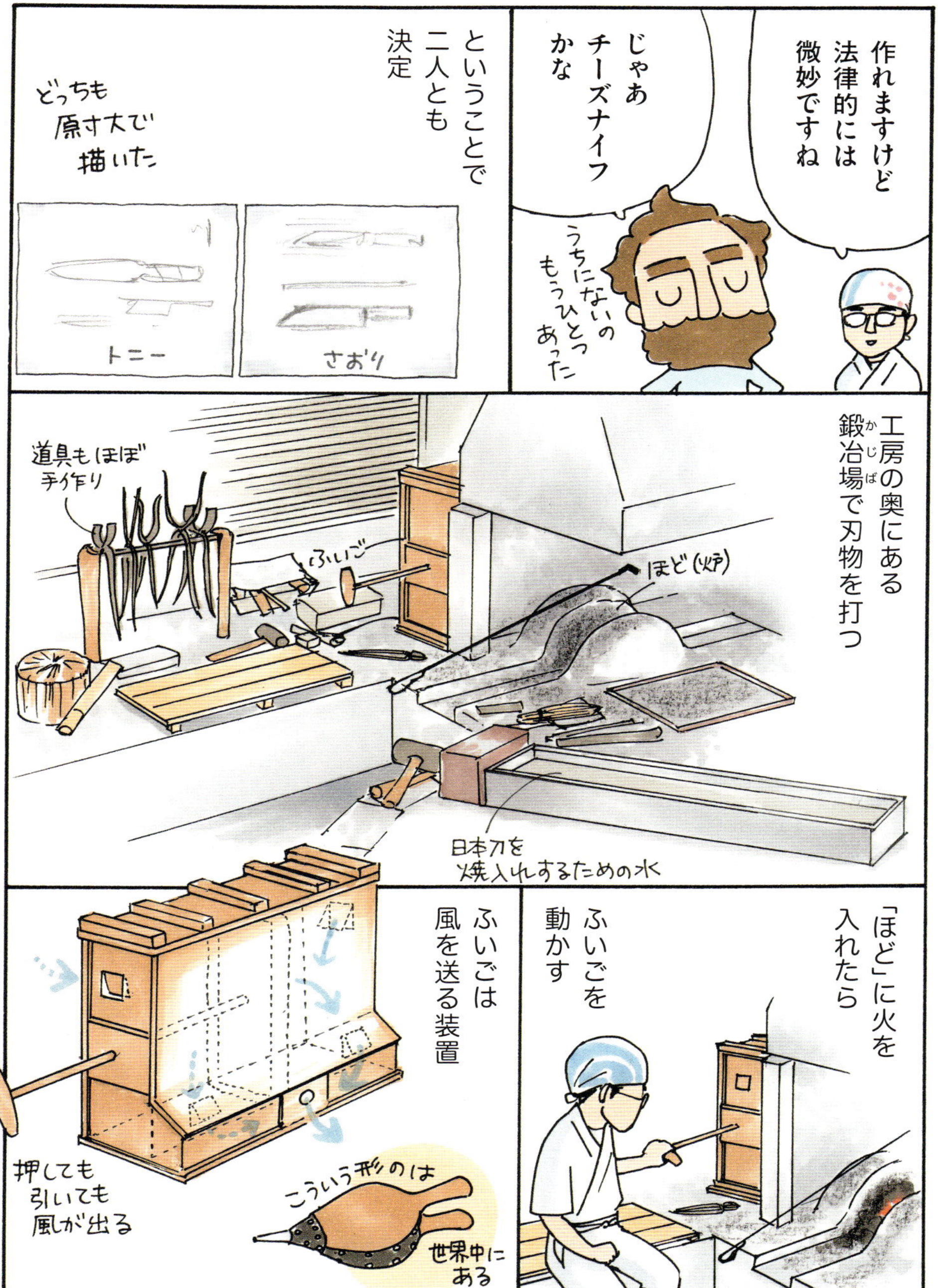
作れますけど 法律的には 微妙ですね
じゃあ チーズナイフ かな
うちにないの もうひとつ あった
ということで 二人とも 決定
どっちも 原寸大で 描いた
トニー
さおり
工房の奥にある 鍛冶《かじ》場《ば》で刃物を打つ
道具もほぼ 手作り
ふいご
ほど(炉)
日本刀を 焼入れするための水
「ほど」に火を 入れたら
ふいごを 動かす
ふいごは 風を送る装置
押しても 引いても 風が出る
こういう形のは
世界中に ある

＊日刀保＝日本美術刀剣保存協会の略称

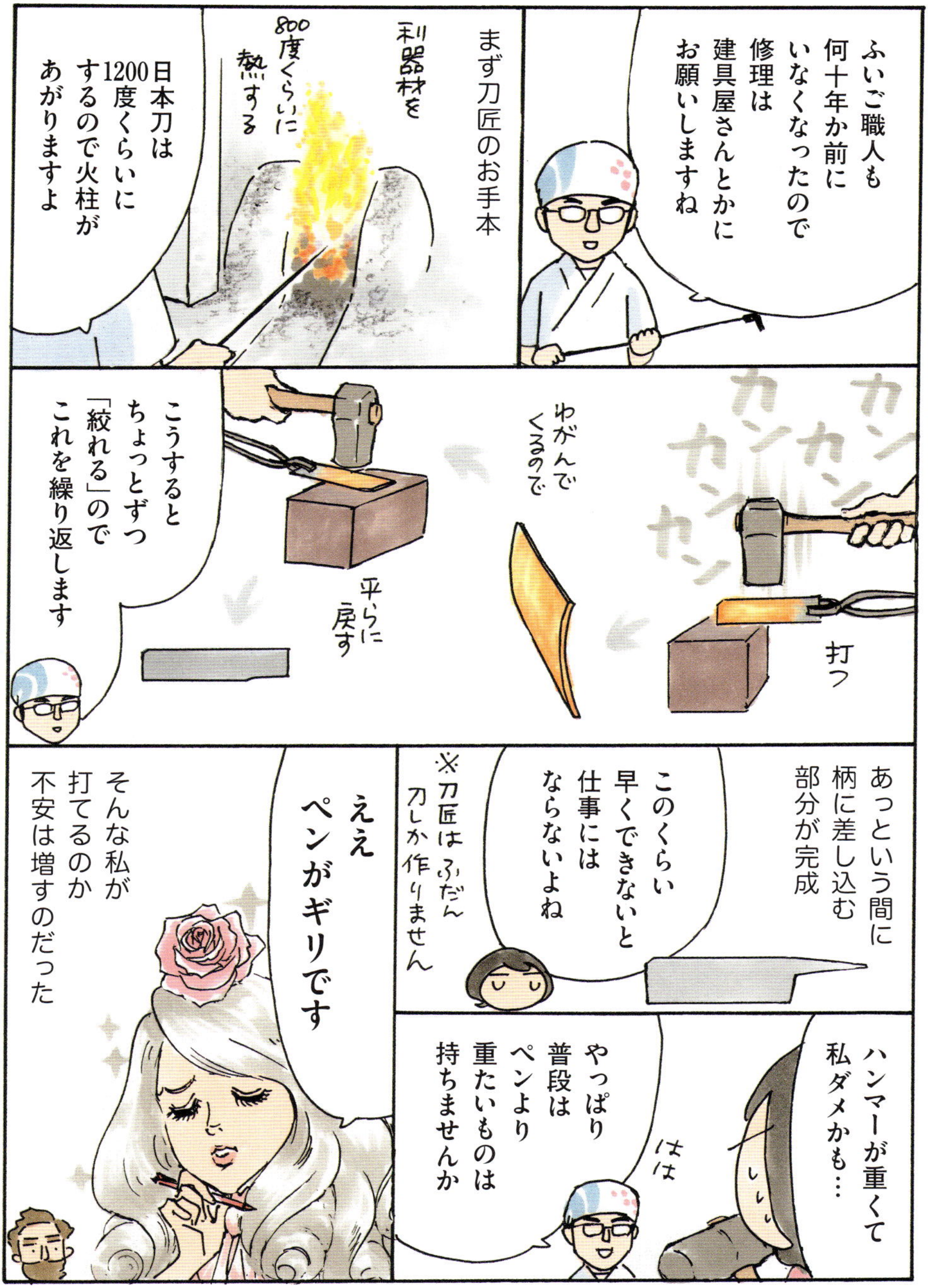
ふいご職人も何十年か前にいなくなったので修理は建具屋さんとかにお願いしますね
まず刀匠のお手本
利器材を800度くらいに熱する
日本刀は1200度くらいにするので火柱があがりますよ
カンカンカンカン
打つ
ゆがんでくるので
平らに戻す
こうするとちょっとずつ「絞れる」のでこれを繰り返します
あっという間に柄に差し込む部分が完成
このくらい早くできないと仕事にはならないよね
※刀匠はふだん刀しか作りません
ハンマーが重くて私ダメかも…
はは
やっぱり普段はペンより重たいものは持ちませんか
ええペンがギリです
そんな私が打てるのか不安は増すのだった

とんちんかん

息の合った
相槌「とんちん」に

調子のはずれた
音が入る様子から
「ちぐはぐなこと」を
表すようになった

アコーディオン

ファ〜
ふいごと言えば「アコーディオン」ってふいごそのものだね
なるほど空気の出口に音階をつけたってことね
ふいご＝Bellows
じゃばらは複数なので「S」が付く

ファアアアアア
ちなみにトニー弟＆妻は学生時代アコーディオンで州一位と二位を争っていて結婚した
小刻みに
ふるわせるテクニックを「Bellows shake」って言うんだ

バールのようなもの

高校生のとき、学校で鍛冶ごっこをちょっとだけさせてもらった。作ったのは大工用のバール。長さは1メートルくらいで、素材は鋼。片方には釘抜きのための割り込みを入れ、もう片方をヘラ状にした。両手で持ち上げたくなるくらい重いもので、見た目は……美しい。

記憶では、作る過程は関市で習ったのとほぼ同じ。原料である棒を炉に入れ、真っ赤になったところで鉄床に置き、ハンマーで叩いて形にしていく感じだ。「赤いところ、超熱いから気をつけろ！」と注意を呼びかけられながら。

ふいごがあった記憶はないので、扇風機のようなものが作動していたのだろう。そして炉。あったはずだが、どんな形かまったく覚えていない。関にあったものよりだいぶ簡単な作りだったと思う。

熱源はともあれ、棒を熱していたところはしっかりと頭に刻まれている。それは、棒の赤いところに手が触れて、軽くやけどをしたからだ。やはり痛みを伴う体験は、記憶として一番残る。

この体験でできあがったものはもらえると言うので、自慢のバールは持って帰った。当時、大きな木箱を分解して、その板でうさぎ小屋を組み立てたのだが、そのとき確かにバールが役に立った。飼っていたうさぎはその後誰かに奪われ、

Tony's Column

食べられたようだったのだが、その話は……いつか別の機会に。

僕の学校では、この授業以外にも大工や製図の基本を学べた。ほかの高校では溶接や印刷、料理など、いろいろあったけれど、ここ何十年ほどで、アメリカではこういう職業訓練系の選択科目は廃止され、科学、技術、工学、数学（いわゆるSTEM教育）に重点が置かれるようになった。

人が目指す職種が前と違ってきているので、こうした変化は仕方のないことかもしれない。でも、受けた授業の中で、一番印象に残っているのはこの鍛冶体験だったな。

人生でバールのような基本的な道具を自分の手で作る必要性がいつ生じるか？それはわからないが、そのときになったら僕には準備ができている。

2回目は、やけどしないぞ。

包丁を打つ②

いよいよ私が打つときが来た
ではどうぞ
ララ…
ここに下りたらやらないといけないんだ
↑一発勝負に割と弱い
まず火を起こしてください
トン
できるのだろうか…
ふいごはちょっとやりたかった…
ゴーッ
ゴーッ
うふ
炎が一定の高さになるようにしてください
ぼぼぼ
とは言ってもふいごの風量はうまく制御できず
あれ？すでに難しい…
ゴー

用意してもらった
利器材を挟み
利器材
キリカケ(上下の目印)
えーと…
何分くらいですか
適当です
いい感じになったら出して…
いい感じに叩く
なるべく早くスピードが命です
でも大丈夫ですよ
そんなに心配されなくても
ある程度形になっていれば
後で削れますし
言葉通り「いい加減」に
ただ言葉で説明しにくいんですよね
いい感じに熱くして
いい感じに叩いて
いい感じに形にする

頑張ります！
とは言って
みたものの
赤く
なったら
出さないと
いけない…
時よ止まれ
永遠に…
ゴーッ
ゴーッ
だいたいみかんより
ちょっと明るいくらいの
色になったら
出してください
ガサ…
はい
出して
はいっ
ガタッ
キリカケ
下にして
はい
その辺で
思いっきり
トーンと！
はいっ
コーン……
もっと！
もっと
もっと！
コーン
コーン
コーン
コーン
コーン
でも金づちが重くて
まっすぐ持てない
理想
現実
ぐんにゃり

金づちは
もっと頭のほう
持つといいです
軽くなるように
あっそうか
でもまだ重い
コーン
コーン
コーン
ゆがんで
きたから
平らにして
ください
もっと
もっと
干し柿より
暗くなったんで
火の中へ
入れてください
はい
ガサ…
あっという間
できるのかなー
私…!?
えー
金づちが
金づち
重い
気持ちが
全部声に
出始めた
「みかんより
明るく」で出して
「干し柿」でやめる
全部食べ物ですね
結構景気よく
叩かないと
できないので…
はいっ 景気よく!
景気
よく!
コーン…
不景気
ちょう
不景気
戦後最悪
コーン
はい
戻して
くださいー

金づち重いし
全然叩けない
これ何時間かかるのか……
っていうかできるのかな
思いきって！
思いきってます！いつもっ思いきって！　ます！
4回め
はいっ ドーンといってください ドーンと！
ドーンとっ
3回め
最初はゆがみやすくて形が変わりにくいですが幅が狭くなれば比較的変わりやすいんで
この時点でコレ
めざす形
本当にできあがる？
てつかたい
手ね
そろそろお昼ごはん
手
かおあつい
手が
ごはん
グーパー
※このとき7月

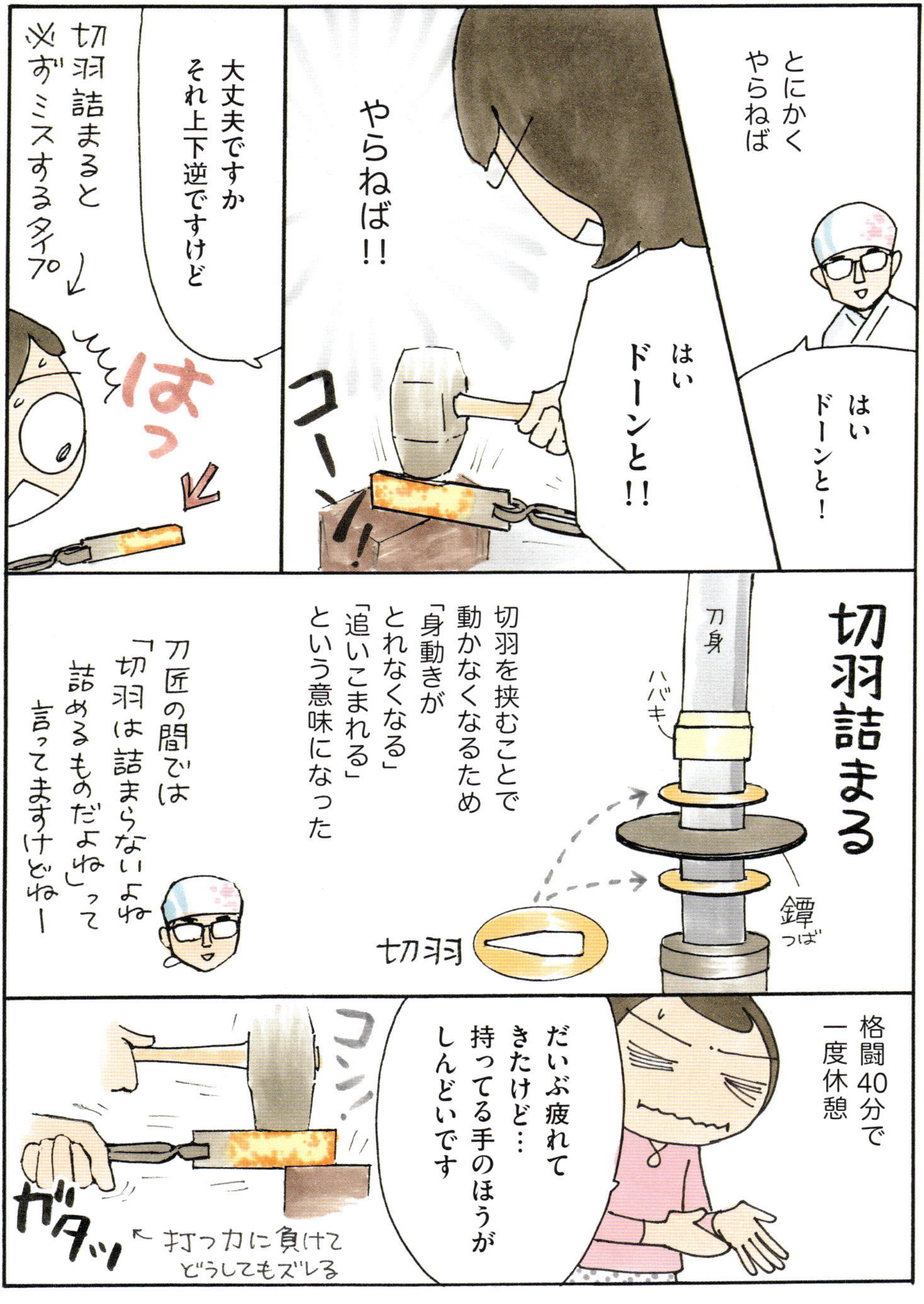

とにかく
やらねば
はい
ドーンと!
はい
ドーンと!!
やらねば!!
コーン!
大丈夫ですか
それ上下逆ですけど
切羽詰まると
必ずミスするタイプ
はっ
切羽詰まる
刀身
ハバキ
鐔《つば》
切羽
切羽を挟むことで
動かなくなるため
「身動きが
とれなくなる」
「追いこまれる」
という意味になった
刀匠の間では
「切羽は詰まらないよね
詰めるものだよね」って
言ってますけどねー
格闘40分で
一度休憩
だいぶ疲れて
きたけど…
持ってる手のほうが
しんどいです
コン!
ガタッ
← 打つ力に負けて
どうしてもズレる

輪っか はめますか
少しは いいかも
その後も打ち続け…
そのくらいまでいけば大丈夫だと思います
ふーっ
ちょっとまっすぐにしますねー
勢いが違う…
カン カン カン カン
そして金づちを水につけつつ打つ
カン カン
なんで水につけるんですか？
小さな水蒸気爆発でゴミを吹き飛ばしてるんですよ
修業もある程度の手順だけ教えてもらったら
あとは感覚で覚えていくしかないんですよね？
そうですね言葉で説明できない部分が大きいですからねー

トニーはと言えば
この刀
すごいねー
山賊風味
手ぬぐい
大太刀《おおたち》なんで
長いですね
南北朝くらいに
流行った
大きさです
練習で作ってみました
南北朝時代
室町時代の中の
1336～1392年
「太刀」と言えば…
太刀打ち
「太刀」で
打ち合うこと
実力の差が大きくて
まともに戦えないことを
「太刀打ちできない」
と言うようになった
これ鞘《さや》に入れてたら
出すのに時間
かかるでしょ
敵が来る
5分前に教えて
って感じ
「抜き打ち」も
時間かかりそうだね

抜き打ち
刀を抜きながら切りつけること
シュパッ
ちょっ
そこから「予告なしに物事を行う」って意味になったんだねー
学生の「嫌いな言葉ワースト10」に入るなー
腰に差したら下につきそう
腰には差さないですね
※正しくは「太刀を佩《は》く」という
太刀を持つ用の家来がいました
そして馬に乗ったまま引き抜いて持ってくとかですね
たーあー

現在の展示では刀は刃が上向き太刀は下向きが多い
刀
太刀
当時の使われ方に従っています日本刀を差した状態を左から見るのが「正面」刀匠はこのとき表側にくるよう銘を入れます
関鍛冶伝承館学芸員江西さん
↑正面
お昼は鰻実は鰻屋さんが多い関市
刀鍛冶は力を使うので精をつけるために昔から食べていたと言われてますね
関市役所戸川さん
みんなそれぞれお気に入りのお店を持ってますよねー
いただきまーす
きみはまだ打ってないから力あまってんじゃないのか
おいしくいただいています
午後も頑張ります

生まれてくる剣

「どんな刃物を作る？」と関で聞かれたとき、一瞬だけ、剣が浮かんだ。石にしっかり刺さっていて、子どもがそれを引き抜いた、あの伝説の剣。

僕はこの物語に憧れがあった。だって、騎士やら貴族やら、立派な大人があの手この手を使ってもできなかったことを、あの子ども「アーサー」が成し遂げたのだ。剣を石から引き抜けた人が王になることになっていて、約束通りアーサーがイギリス王になった。この長い冒険話は一話丸ごと有名だが、僕が思うに、若い読者を惹きつけるのはまずこのカッコいい石と剣の場面だろう。剣が何かの魔法によって石に突き刺され、そして（腕力でなく）何かの魔法によって引き抜かれる。

まるで目の前で剣が生まれてくるようだ。

鍛造体験で、刃物は自然に誕生するというような説明はなかった。やはり鍛冶職人が才能と技術を発揮して刃物を作るのだ。でも……鍛冶用語の中で、炉は女性器にたとえられてもいる。つまり、日本の刃物は炉から生まれる、とも言える。

アーサーの剣は、魔剣のわりには脆《もろ》かった。体の大きい騎士の攻撃に耐えられず、真っ二つに割れてしまった。でも、これが不幸中の幸いで、アーサーはまたすごい剣をもらうことに。それは名剣「エクスカリバー」。そしてそのもらい方

Tony's Column

にもまた特徴がある。今度は湖から突き出てくる女性（妖精）の手が、剣をアーサーに与える。剣が隠れた場所から見える場所へ出現するところと、女性がもたらすところを見れば、これもまた「誕生」っぽい話だ。

エクスカリバーは眩しい光線を出し、その鞘《さや》は持ち主の出血を止めたりする。けっして戦場で破られるような剣ではなかったらしい。それでも、剣にも誕生があれば、死もある。アーサーが死ぬタイミングで、エクスカリバーは湖に投げ返され、女性の手によってまた湖の底へ。

もちろん、一日体験で僕に剣が作れるはずがない。でも、アーサーの剣をイメージしたのは無駄だったとは言えない。「どんな刃物を作る？」の代わりに、あるいは少なくともそれと同時に——「今日、何かが生まれようとしている」と、やはり考えるべきだ。

このような発想で、関でできあがった刃物に通常と差があるかと聞かれたら、もちろん……ある、と答える。チーズナイフはチーズナイフだけれど、相手（のチーズ）がどんなに硬くてもナイフが割れることは決してない。

そう言えば、僕が作ったあのナイフには、生まれながらの名前が付いているかもしれない。今夜、聞いてみよう。

刀からの言葉

ソリが合わない

刀とサヤの反りが合わないことから

サヤ当て

元はサヤが当たったことをとがめたこと

「恋のサヤ当て」は歌舞伎の演目でひとりの女性を巡り武士ふたりがサヤを当てて争いになった話から

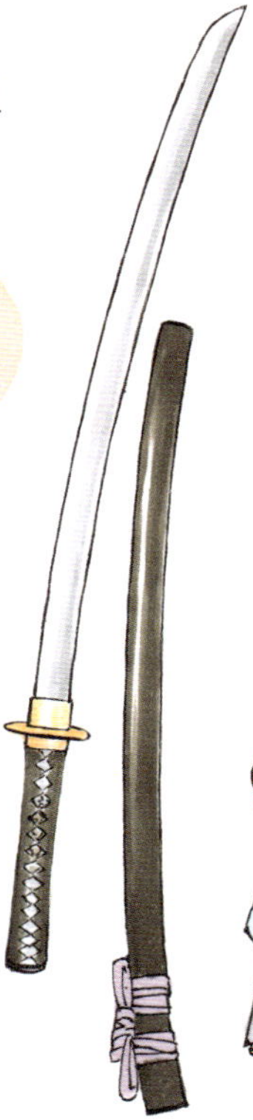

抜き差しならない

刀を抜くことも納めておくことも難しい追い詰められた状況

元のサヤに納まる

包丁を打つ③
トニーが作るのはチーズナイフ
トニー画
これでいけるかなー
ブレードとハンドルが一体型ということで無垢の鋼を使います
ブレード(刃)
ハンドル(柄)
平らにするのにはかなり時間がかかるので…
ダンダン
ダンダン
はい
ざっくりのばしたんで後は好きな形にしてください
あれ!ずいぶん形になってない?
ゴーッ
ゴーッ

もうちょっと優しく吹いてください…
ンブコ〜
はい…
鋼の棒の場合
ハシか布で持って
ハシ
太くて持ちにくい
お尻を水につけて手で持つとやりやすいかもしれません
はい
あーでもちょっと冷えたんでもう一度あったためてください
はい
やり直したところで
…で
どうすれば？
わかってなかった！
縦からも横からも叩いて好きな形に…
叩けばその形になりますから
なんだろう「名言感」ある

はい
カンカン
あれ？　トニーラクそう
もう最後が見えてるし…
昔打ったこと
あるしね
ゴンゴンッ
高校時代
授業で
「バール」を
作ったことが
あるのだ
「バールのようなもの」でおなじみ
でも曲がって
ますね
大丈夫です
鉄は
粘土みたいに
グニャグニャなんで
後で直せますから
ゴンゴンッ
ふいごは
「ふいごる」
って言葉が
あっても
いいねー
刃先は
端に置いて
斜めに打つ
カンカン
こう？
そうですね
なかなか
お上手です
あとは…
かしてみて
ください

カンカンカン
カンカンカン
あれ？
手伝いすぎじゃないですか!?
単刀直入
単《たん》刀《とう》直《ちょく》入《にゅう》
一本の刀で斬り込んでいくこと
もとは中国宋時代の「景徳伝灯録」にある「単刀趣やかに入れば～」の一文からとされる
禅宗史書
でぇ～～！！
んげ
いやーもうすぐ終わるかなと思って…
今これ反りが出てますからまっすぐにしたければ後で直してください
そのままで
ハンドルも薄くしたければ後で叩いて…
そのままで
ラクなほう選んでるだけでしょー
とんでもない！
自然さを大事にしてるだけです

ミケランジェロが言ったとされる…
ちょっ
待て待て！
「私は石の中に埋まっているものを助けるだけだ」みたいなヤツ!?
ミケランジェロの言葉は手紙に書いた文が元らしい
「彫刻とは（もとの素材を）取り除くことによって作られるものだ」
scultura, quella che si fa per forza di levare.
そうそれと同じです…
ぐぐぐっ
おこがましい
ではあとハンドルに「槌目《つちめ》」つけましょうか
はい
叩くと残る跡
それぐらいやっときい
そして適当な長さで切る
1 冷たい状態で線を刻む
2 熱くしてからその線を叩く
3 線の部分を折り曲げて切る
でお尻の形直してください

かわいく！
キュートに！
ど…どうすれば…
真四角にしたほうが成形しやすいです
あと角を小さいハンマーで叩いておくと握ったとき痛くならないですね
そゆとこ大事よねー
そして大仕事
「ハンドルをねじる」
赤めてから「万力」に挟んでねじります
あそこの万力まで持っていきますよ
タオル
求める形
ゴーーー
ぼぼぼぼ
いいですね出してくださいっ
シュッ
はいっ
ダッ
ダッ

もっと端っこに…もっと引いて
もっともっと…そこ！
じゃあこれをグッとつかんで…
一気にねじってください
せーのっ
どんどんどんどん
どんどん
ぐぐぐぐ
ぐぐぐぐ
ぐぐぐぐ
ぐぐぐぐ
どんどん
し〜〜〜〜っ
夫からヘンな音が!!

……
もうちょっとねじってください
でちょっと戻す
ちょっと戻して…はい戻しすぎ
はいOKです
ばっ
ふぅ…
はい
思ったより難しかった…
トニーは仕上げを木の台と棒で
ゴン
ゴン
時々火を吹く
へこみ
ハンドルが手になじむように少し曲げるならへこみを使って…
カン
この作業でまたブレードがゆがんだので直しましょう
細かい作業が続く

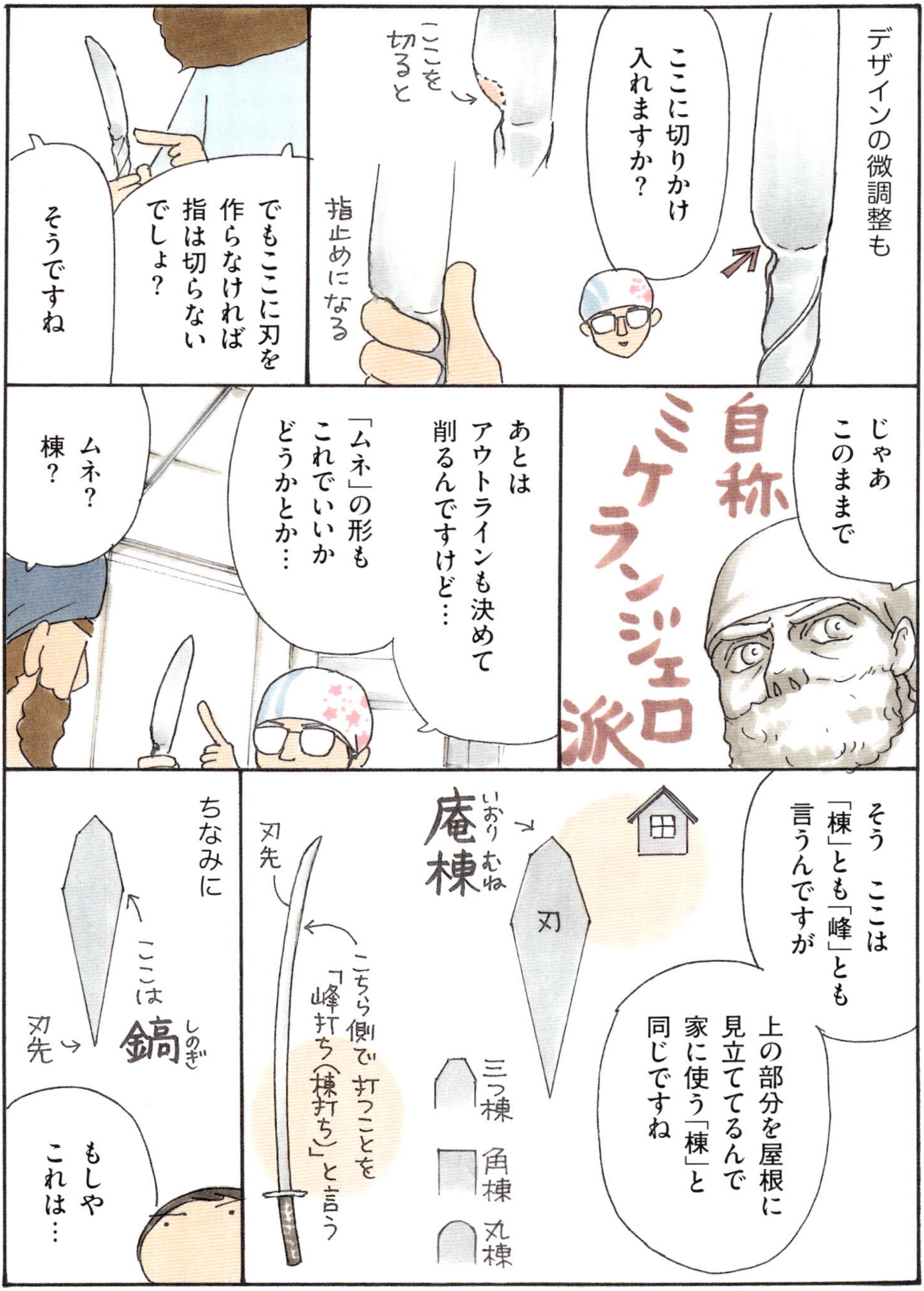
デザインの微調整も
ここに切りかけ入れますか？
ここを切ると
指止めになる
でもここに刃を作らなければ指は切らないでしょ？
そうですね
じゃあこのままで
自称ミケランジェロ派
あとはアウトラインも決めて削るんですけど…
「ムネ」の形もこれでいいかどうかとか…
ムネ？
棟？
そう　ここは「棟」とも「峰」とも言うんですが
上の部分を屋根に見立ててるんで家に使う「棟」と同じですね
庵《いおり》棟《むね》
刃
三つ棟
角棟
丸棟
刃先
こちら側で打つことを「峰打ち（棟打ち）」と言う
ちなみに
ここは鎬《しのぎ》
刃先
もしやこれは…

「鎬《しのぎ》を削る」
鎬が削れるほど激しい斬り合い
転じて「接戦」をさすように
相手の刃先を棟や鎬で受け止めるため
近い言葉
「鍔《つば》迫《ぜ》り合《あ》い」
お互いに鍔(鐔)で受け止め押し合うこと
剣道で多く見られるらしい
我が家でよく起こっている
私の包丁も少しゆがんでいたので
銅を置いて
銅の金槌で叩く
そして絵と見比べ
刃の根元と刃先の乱れた部分はのこぎりで切りましょう
ガーンと打つとまたゆがみますから
鉄で鉄が切れるっていうのは強度が違うってことですか?
ギギギ
そうですね焼きが入っているほうが強いです

「焼入れ」
所定の温度まで熱した刃物を
ジュッ
水の中へ入れて急冷する熱処理
転じてカツを入れることを「ヤキを入れる」というようになった
ちょっときな
音がつらい…
しかしなんとか切れて形は完成
キ〜〜ッ
キ〜〜ッ
私たちもこの後「焼入れ」しますよね失敗することはあるんですか？
ありますよ！ヒビ入ったりとか
それやり直しすることは…
できないです
鉄はまた溶かして別のものに使えますが
1カ月かけて打ったのがムダになったりしますよ
油断すると
緊張の焼入れへ！
んが!!

匠

トニーは「シースカウト」にも入っていて大型ハンマーを使うコツもそこで覚えたという
ボーイスカウトの「海」版
それに比べたら鍛冶のハンマーは小さいから大丈夫だったよ
時々ハンマーで思いっきり叩いて重りを上に飛ばすゲーム機あるでしょ？
バンッ
カーン！
あれもコツがあるんだよね
ただ叩いてもダメでさ
へーどんな？
なにその「タダじゃ教えられん顔」
…まあ口で言うのはね…
どうやるかは何度も見て盗むんだ!!
急にすごい師匠風!!

鵜《う》飼《かい》
魚をノドにため吐き出すことがある鵜の習性を利用した1300年以上前からの漁法
丸呑み＝「うのみ」となった
「鵜飼」は「うがい」の語源といわれてるとか
鵜の首結《くびゆ》いは大きな鮎だけとまるようにしてある
最近は鮎が小さいから飲みこんじゃうのが多いですね
宮内庁式部職鵜匠足立さん
普通の半分のワラジ「足半《あしなか》」
鵜はペアが決められずっと仲良くするという
異性・同性は関係がない
このようなペアを「カタライ」という
ヒトにも「カタライ」がいるといい！

役者の切れ味

「さあ、かかってこい！」

剣をちょっとだけ持って、振り回したことがある。14世紀頃のヨーロッパの「ロングソード」だった。本物ではないとはいえ、実際に切れるもので、剣について何も知らない自分は果たしてこれに触るべきかどうか。戸惑いつつ、手に取ってみた。重い！

「かかってこい！」「あの、まず持ち上げてみるね……」

ニュージャージー州に住んでいた頃、一時期マンハッタンに足を伸ばし、演劇や映画のいろいろなオーディションに応募した。するとある日、一味違うオファーが耳に入った。夏の間の約2カ月間、「中世祭り」をニューヨーク州のある森で行うという話だった。オーディションに顔を出したら、めでたく受かった。さて、待遇は？　1日3食はもらえる。でも、宿は森の中で、持参のテントで寝る。そして報酬は……無し？　あれ？　どうりでオーディションが簡単に通ったはずだ。

まあ、何事も経験。そう思い、ニューヨークの「ルネサンス・フェア」に参加することにした。給料がもらえないどころか、テントを買ったことを考えれば、むしろ損した。でも今までの「ジョブ」の中で、ずっと印象に残るほうに入る。なんせ、ここでは中世生活にどっぷり浸かれ、学校で教えてくれないことを学べ

Tony's Column

た。たとえば「わしら、ワインをもらう」という、王様のセリフ。王様は一人の人間なのに複数形「わしら」を使っている。最初は変に感じたが、これも君主の特権かな、とそのうち納得した。ほかには食べ物、飲み物、歌、踊り関連の発見が多かった。そして剣も。

持つようにと言われた剣は長いから「ロングソード」と言う。少なくとも110センチはあった。ヒルト（柄）を入れないで。でも長いだけではない。刃は肉厚で、幅も広かったので、重さは1キロ半もあった。言うまでもなく、これは軽いフェンシングに向くものではない。がっちりとした全身の鎧を着ている相手を突き、地面に叩きつけるようにできている。相手が鎧《よろい》を着てなくても、この剣を使って手や足、あるいは首をはねることもできる。

あれ？「かかってこい」と僕に命じている相手は鎧を着ている。新米の僕には鎧がない。もちろん、これで真面目な戦いになるはずはなく、相手はただ剣の使い方を僕に教えようとしているだけ。しかし、僕がうっかり相手に大怪我をさせてしまったら、一生後悔することになる。

「ああ、このくらいで結構だ。ありがとう」と言って、僕は剣を置いた。「今日はちょっと歌と踊りの研究から始めようかな」。中世にも平和主義者がいた。

包丁を打つ④

研ぎ澄ます
刃物や鏡を曇りがないように研ぎ磨くこと
研ぎ澄ましている様子
研ぎ始めは引き続き音がつらい
キ〜〜
キ〜〜ッ
ヨボヨボ
↑この辺が地面と平行になるように
柔らかい感じで
研いでください
「鉄は粘土みたい」という発言もあわせて考えると私達とは見えている感じが違うのかもしれない
しばらくして木の台に移動
なかなか削れません…
「黒皮」が硬いですね
→酸化皮膜
トニーさんのは機械でダーッと削りますね
はい
え?
ずいぶん手伝ってないすか…?

そして
ギィィィン
火花 めっちゃ手に 当たってるん ですけど…
火花が小さいので 多少当たっても 平気らしい
いや 多少じゃなく めっちゃやねん ですけど
では好きな アウトラインを決めて 削ってってください
トニーのナイフは 全部鋼のため 好きな形にできる
トニーも 粗いヤスリから 始めて 木の台へ
ゴリ ゴリ
だいたい形が 決まったところで 焼入れをします
その前に 銘を入れましょう
おお
まず練習 してから 本番
トン トン トン トン
銘切りたがね
両面テープで 包丁を 台に貼ってある
力の入れ具合が 難しい…
左多里
できた
なんに しようかな～
巳

「巳《み》」？なんで？
ん？ まー いいじゃない？
いつも TLなのに…
トニーの論理
なるべく簡単に もちろん直線 でも刀だから漢字で
卜《ぼく》
いいな…
いやしかし！「簡単」で選んだのがバレる…！
もう少し複雑なのはないか…
巳《み》
これや…!!
続いて土を塗る
「焼き刃土」
粘土＋炭＋砥石の粉など
これを塗ることで刃文ができる
関を代表する刃文「関の孫六」の三本杉
土を塗るのは楽しいですねー
どんな模様にしようかなとか考えて
でも包丁は刃文を作らないのでムラなく塗りますね
ペタペタ
そうしょせん付け焼き刃の私達に塗るのはムリ…
付け焼き刃
切れ味の悪い刀に鋼の焼き刃を付け足したもの 一見よさそうだがすぐ切れなくなる
転じて その場しのぎに覚えた知識や技術のこと
テストは割と付け焼き刃派

塗り終わったら
あぶる
炭で土が崩れないように炭の中へは入れません
電気を消し小片でテスト
ジュッ
明るいところで見る
いよいよ焼入れ本番
ぼぼぼ
もっともっと火を強くふいごは吹きっぱなしで
暑い&熱い
この辺赤んでないので差し込みが足りないですね
ザーッと引き出して
もっと奥に！
ねじったりしないでくださいゆがみが出るので
ふいご
もう一度ひっくり返して
ぼぼ
はい引き出して
はいっ早く！
奥まで入れてください早く！
はい引き出して

もうふいご吹かなくていいです
ジュワ
はい水に全部入れてー
出さないでくださいねー
カン!
底につきましたけど…
大丈夫
ナナメにしたりしてください
電気をつけて
いいと思いますキレイにはぜてるし
ムラなく熱処理できているという意味
ほー
焼きが入ると鋼がふくらんで反りがぐいっと曲がるんです
ホントだ
大げさに描けば
刀匠は土を洗い流して水をかけつつあぶり始めた
ぼぼぼ
パシャ
パシャ
柔軟にします
さらに熱でのゆがみをとるため少し打って仕上げ
銅
見つつ

そして トニーの番
そーっと そーっと 引き出して
ぼぼぼぼぼぼ
シブコーッ シブコー
はい
刀匠
ソロソロソロ… また差し込んで
ねじっちゃ ダメ！
はい
シブコーッ
ぼぼ
ぼ
シブコーッ シブコーッ
ぼぼ
シブ
また 差し込んで
はい 水に入れて ください
引き抜いて ください…
ぼ
ジュワ
カン！
↑はげしい
下に当たったの いけなかったかな
大丈夫 ですよ
デジカブ
じーっ
厚いと焼きが 入ったかどうか わかりにくい…
砥石を 当ててみないと
いいと 思いますけど
トニーのも洗って 水をかけつつあぶってから ヤスリを 当てる
大丈夫だと 思います
ゴリゴリ

トニーもやってみる
ゴリ
ゴリ
だいぶ硬い
全然違う
ここから外でベルトのヤスリをかける
手作り水たらし器
柄を一時的な付けた
ダ
ダ
ダ
ダ
ダ
ある程度刃がつくまでやってください
はい
見てわかんないんですけども
ハガキより薄く…切れるとこまでいっちゃっていいです
明るく
あのーこれ指切れますか?
ゴソッと削れます
ダ
ダ
ダ
ダ
ひー
動力強い…全っ然削れない
勢いに負けてる
ダ
ダ
ダ
ダ
ぐ
ぐ
ぐーっ
熱っ
あつあつあつ
ポチャ
水で冷やす
薄くなるほど熱くなりやすいんでまめまめ冷やしながら…
時々おじいちゃん風味。
まめまめ!

あちち
へこんでいる部分などが難しい
ダダダ
しかしなんとかでき続いてトニー
まめまめね
トニーさんのは幅が狭いから熱くなりやすいですね
私は室内で次の研ぎへ
おお…
これは「研ぎ舟」
研ぎ師さんの家には「研ぎ場」があってこういうものが家の中にしつらえてあります
水が流れる管
わー
すっごく粗い砥石
砥石のための砥石です
刀用の砥石は少し丸いですよ
刀は直線部分は作らないんです
この面はまっすぐではない

砥石を押さえるのは「踏まえ木」
体重のかけ方難しい…
しんどい体勢ですよ
研ぎたいところの真上に3本指を揃えてなるべく狭い範囲を研ぐつもりで…
でも砥石は大きく使ってください
じゃーっ
トニーも後で研ぎ舟へ
失敗するとね…心配
目指してるところがよくわかんないから
じゃー
なぬ
う…薄くするんだよ…？
ちょいちょい不安発言するよね
まぁそうなんだけど…足りないところがわかんないから
じゃー
じゃー
刃はツルツルに磨いてください
ツルツルのほうがサビにくいですし
ザラザラだと汚れが残りやすく表面積も増える
多くの金属がツルツルなのはそういう理由もあるんです
ツルツル
ザラザラ

私のほうは4つ目の砥石へ
じゃしっ じゃーしっ
家庭用に1枚買うならどんな砥石がいいですか
中砥石ですね
目が「1000」か「2000」のもの
水を使ってサビが出てきたので「サビトール」で取る
「サビトール」消しゴムっぽいサビ取り
ゴシ
ゴシ
そういえば「身から出た錆《さび》」って…コレ？
身から出た錆
「身」とは「刀身」のこと
手入れを怠るといざというとき使い物にならない
転じて自分の犯した誤ちのために自分自身が苦しむこと
なんか時々出てくるなあ私にも…
それって「〆切」に関係してる？
包丁は使ったあとお湯をかけてふきんでふいてください
サビ止めになるので
ゴシゴシ
妄想
なんか今ダラダラしてないで仕事してくださいって言った？サビ止めにて、
サビ？
あの人がやったの
あのね「サビ止め」しか合ってないよ
じゃあ紙を切ってみましょう

しゅぱーっ
切れるけどちょっと引っかかってますね「バリ」が残ってる
「バリ」が!?「バリ」って何ですか
「バリ」
ちょっとめくれてる部分
刃
研ぎの時は「返り」というのが一般的
細かい「バリ」はサビトールで取れますけどね
「細かいバリにはサビトール」!
CMっぽい
私の刃はできあがり
しかし指の腹部分が削れてうっすら痛い
どうしても時々はみ出す
まもう
トニーの研ぎ状況は
砥石のこの辺が削れてっちゃうからねぇ…
なんじゃその悩み
砥石は削れるためにあるんですよ
大丈夫
やっぱり当たり前なのに名言風味
ちなみに大太刀だと粗い砥石を1枚使ってしまうこともあるとか

私のほうは仕上げに「油砥石」
刃
刃先
角度
油をたらして刃先にちょっとだけ角度をつけてサラッと研ぐと刃持ちがよくなります
料理の味には影響しません
最後に柄付け
今使ったのはアメリカの砥石ですよ
そっかナイフ用のですね
まず汚れないように紙を巻く
じーっ
じーっ
ギィイイイイ
どうも根元が太かったらしい
ぐぐっ
もくもくもく…
おおっ煙!!
そして!
その後バーナーで熱して…
ボー
時々包丁を柄に当ててコゲ具合で温度を確かめつつ

コン コン コン コン コン
ぐんぐんぐん
コン コン コン
自動で入ってく!!
ななんで打つと入ってくんですか?
「慣性の法則」…
byニュートン!!
「慣性の法則」
止まっている物体に力を加えなければそのまま止まっている
動いている物体に力を加えれば動き続ける
なんで熱するんですか
木からヤニが出て冷めて固まると接着剤がわりになるんです
包丁が温かいうちに蝋《ろう》を差し込んだ口に入れる
口に水が染み込みやすいので水止めです
蝋はとれてこないですか
蝋を溶かすと木の中に染み込んでいくので大丈夫です

家庭では包丁を熱するとなまってしまうのでヘラのような金属をコンロで軽くあぶって蝋を溶かす
柄のプラスチックが溶けない温度で
今回は蜜蝋《みつろう》を使ったけど仏壇の蝋燭《ろうそく》でもいいですよ
スキ間あいたら仏壇にgo!
ですね
包丁完成!!
左多里
持つとまだあったかい!
裏
しかも「栗型」という柄
トニーも研ぎ終わり
ばんそうこうあるかな指から少し血が…
それ知ってる
流血はしてないが
柄の掃除を始める刀匠
きゅっ
きゅっ
トニーも油砥石で研ぎ新聞を切る
しゅぱー
サビが出てきてもいいと思うんですけどねー
でもナイフ持った手でチーズ触るとサビの味移りそう

まぁ人間も
サビだらけ
とも言える
からねぇ
わたしの
こと…？
違うよ
体内に
鉄と酸素が
あるからねって
ハナシ…
さわると
サビ出るよ
まめまめ使うと
サビません
マイ
ペース
手でよく触って
タオルとか
木綿で磨くと
いい色に
なってきます
ナイフ
完成!!
銘は「ヘビ」って
読んでもいいな
裏
刀匠評
テーブルの上で
使うのに
ほどよい大きさで
シンプルだけど
存在感があって
いいと思います
刀匠としての
才能は？
いいんじゃ
ないですか
力あるし
柄を回すとこ
気持ちよかった
そこ？

包丁は
なんとか包丁になりました…どうかなーと思いつつだったんですけどね
しみじみ
ええっ
確かにかなり助けていただいてギリギリできたって感じですね力がなさすぎて…
ケガするのも時間の問題だったかも
しかしこれまでには女性の刀匠も存在していたそう
2日かかった包丁＆ナイフ作り
でも昨日板や棒だったものが私たちの手で今は道具に…
すごい！嬉しい！
生きていくのにこういうスキルが身についていたほうがいいんだよね
…チーズ切るには大きいような気もしてきた
ほかにも何か…
私も何切ろうかなー
私の手に合った軽めの包丁…
いちご、いちじくからマンゴー、メロンまでを切ろう!!
※つまりスイカ以外

痛いほど大事な教訓

「手を切ってはじめて刃物を知る」。知っている限り、ことわざではない。でも真実だろうから、ことわざであるべきではないかな。

両親はともに田舎育ちだ。父は斧で薪を割ったり、家畜を捌《さば》いたりして育った。母親は男の子に負けないように、7、8歳からその辺の森に入って、よく狩りをしたり、魚を釣ったりしていたそうだ。二人とも料理上手だった。これらのことをなすには、当然、刃物の扱いも抜群だったはず。

一方、都会育ちの僕。いくら両親の息子とはいえ、環境が違えば結果も違う。家からそう遠くない界隈で、ギャングに属する若者がナイフを使って戦い合っていたこともあり、我が街では、刃物は日常使うものではなく、印象の悪いものだった。「火遊びをするな！」と同じ調子で子どもは皆「ナイフに触るな！」と親に言われたものだ。

触れる機会が少なかった僕は、案の定、刃物の使い方が下手だった。その不器用なところを見た両親は「手が切れるだろう」と思ったらしく、台所で包丁も使わせようとしなかった。こんな環境で、刃物がろくに使えないまま育った。

16歳のとき、やっと状況が改善。近くの肉屋がバイトを募集していたのがきっかけだ。未経験の僕がよくそのバイトに挑戦したな、と今は思うけれど、その店

Tony's Column

が僕を採用したのはなおさら不思議。

仕事の一日目から、それまで見たこともなかったいろんな刃物を扱うようになった。たとえば、一気に肉をぶつ切りにする、日本で「クレーバー包丁」とも呼ばれるものがあった。余談だけれど、この名はクレーバー（「clever = 頭が良い」）と関係あると勘違いしている人もいるようだ。この包丁が「クリーヴァー（cleaver）」と呼ばれているのは、単にものを「クリーヴ」する（「cleave = 分ける」）から。この包丁は愚かではないが、特別に賢くもない。

さあ、大変。ポケットナイフと違って、ちょっとでも的を外れると、このクリーヴァーは人の指を完全に切り落とせるのだ。初心者の手にはあまりにも似合わない。幸い、重大な「クリーヴァー事故」は避けられた。だが、普通の包丁ならほぼ毎日手を切っていた。痛い！　そして手当てもしなくてはならないから面倒！　でも……これでようやく刃物に触れられ、その使い方に少しずつ慣れてきた。

このとき、この若者は誰かに技術やコツを教えてもらったほうがよかった。でも、いい先輩に恵まれていない者は、不慣れな手で刃物を使ってみるしかない。注意しながら。「手を切ってはじめて刃物を知る」。

職人の道
福留さんは
福岡出身
なぜ岐阜で
刀匠に
なったのでしょう
高校のとき
僕は写真部で
博多包丁の
鍛冶屋さんに撮影に
行ったんです
博多包丁
特徴ある
デザイン
ハラリ
そこは土俵鍬も
やってるんですけど…
土俵ぐわ？
土俵鍬
お相撲の土俵を
ならす「くわ」
毎場所
呼び出しさんが
作る
これを作れるのは
全国で一軒しか
ないんですよ
なので九州場所のときに
持って行って修理したり
足りない分を作ってるんです

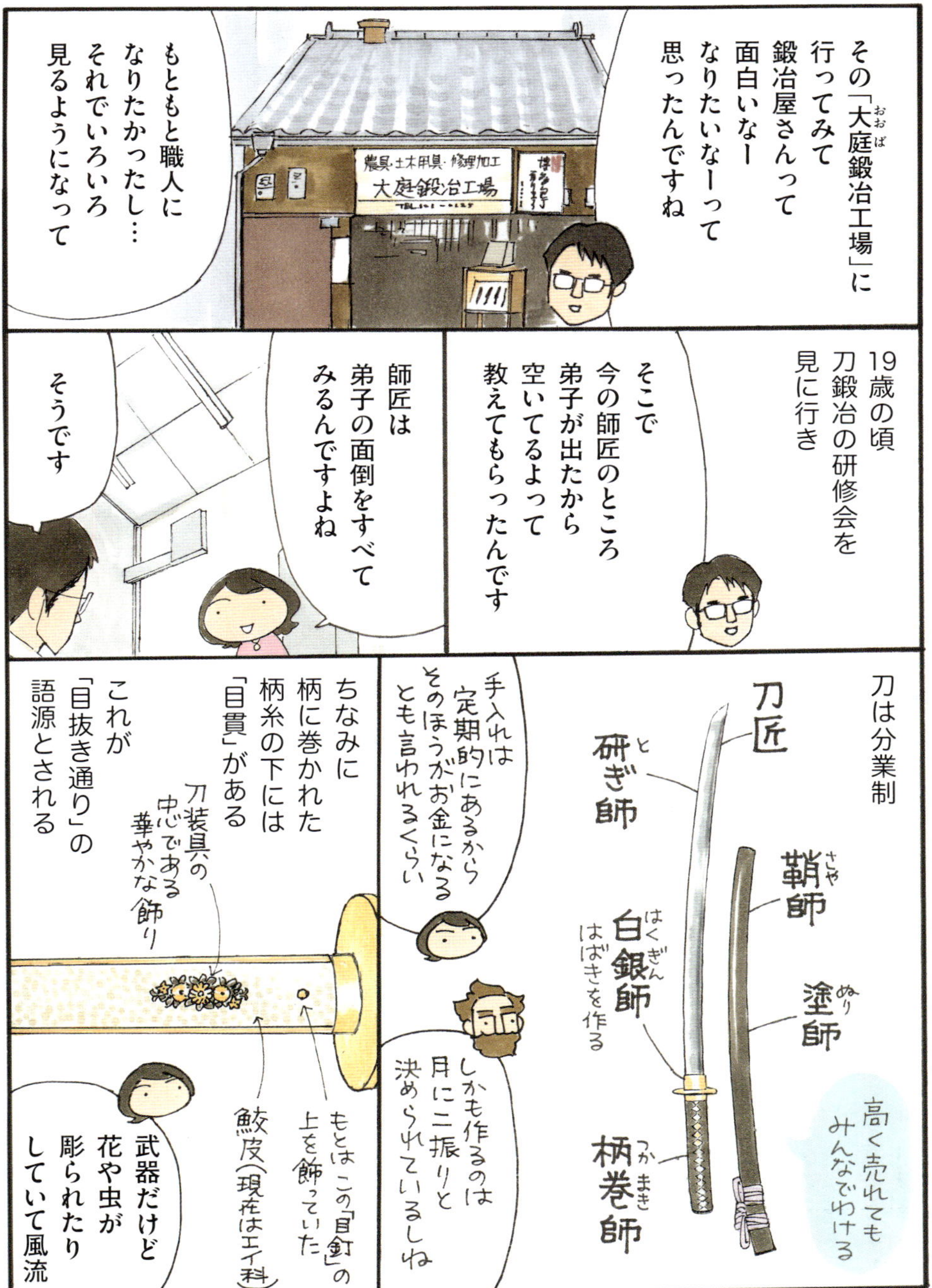
その「大庭《おおば》鍛冶工場」に
行ってみて
鍛冶屋さんって
面白いなー
なりたいなーって
思ったんですね
農具・土木用具・修理加工
大庭鍛冶工場
もともと職人に
なりたかったし…
それでいろいろ
見るようになって
19歳の頃
刀鍛冶の研修会を
見に行き
そこで
今の師匠のところ
弟子が出たから
空いてるよって
教えてもらったんです
師匠は
弟子の面倒をすべて
みるんですよね
そうです
刀は分業制
刀匠
研《と》ぎ師
鞘《さや》師
白銀《はくぎん》師
はばきを作る
塗《ぬり》師
柄巻《つかまき》師
高く売れても
みんなでわける
手入れは
定期的にあるから
そのほうがお金になる
とも言われるくらい
しかも作るのは
月に二振りと
決められているしね
ちなみに
柄に巻かれた
柄糸の下には
「目貫」がある
これが
「目抜き通り」の
語源とされる
刀装具の
中心である
華やかな飾り
もとはこの「目釘」の
上を飾っていた
鮫皮(現在はエイ科)
武器だけど
花や虫が
彫られたり
していて風流

余裕がそうなくても職人を育てるために弟子をとってらっしゃるんですね
住み込みでないと生活は厳しいですけどね今の時代そういうところはほとんどありませんが…
私も住み込みではなかったです
職人になるときご両親の反応は？
「やりたければやればいいんじゃない？」って感じですね
父はピアノ職人になりたくてなれなかったので…
ピアノ工場に入ったけど配属は希望通りではなく…
そして20歳で弟子入りし6年半で独立
師匠を手伝いながら最低限のことを教えてもらって…
たいてい免許が取れたら師匠のところを出ますね
だいたい7〜8年
でも融資が受けられないので独立した直後はとても難しいですね
設備投資に一千万くらいかかるので
職業として認められてないなと感じます
刀剣は「伝統工芸」に入っていないので補助金も出ない
刀は武器であり美術品なので微妙なところです
「伝統工芸」は日常的に使うものだけ包丁や農具は入っている

でもやってて楽しいことは？
鉄が思いもよらない表情を見せてくれることですね
福留さんはこの頃伝説の大太刀「蛍丸《ほたるまる》」の復元プロジェクトを立ち上げていた
蛍丸伝説
1336年3月
九州の阿蘇氏が大太刀で必死に戦いなんとか帰り着いたものの太刀はボロボロだった
その太刀を立てかけて眠ると無数の蛍が太刀に止まり光に包まれる夢を見た
朝　目を覚ましてみると刃こぼれひとつない美しい姿になっていたという
プロジェクトのクラウド・ファンディング大成功でしたね
蛍のように支援者が集まって
ありがたいです
法人を設立して管理しています
目標　550万円
寄附総額　約4500万円
支援者　3143人
達成率820％
私たちの取材後同じ門下の刀匠興梠房興《こうろきふさおき》さんと二人で「蛍丸」を完成し真打《しんうち》を阿蘇神社へ奉納した
次点は関鍛冶伝承館へ

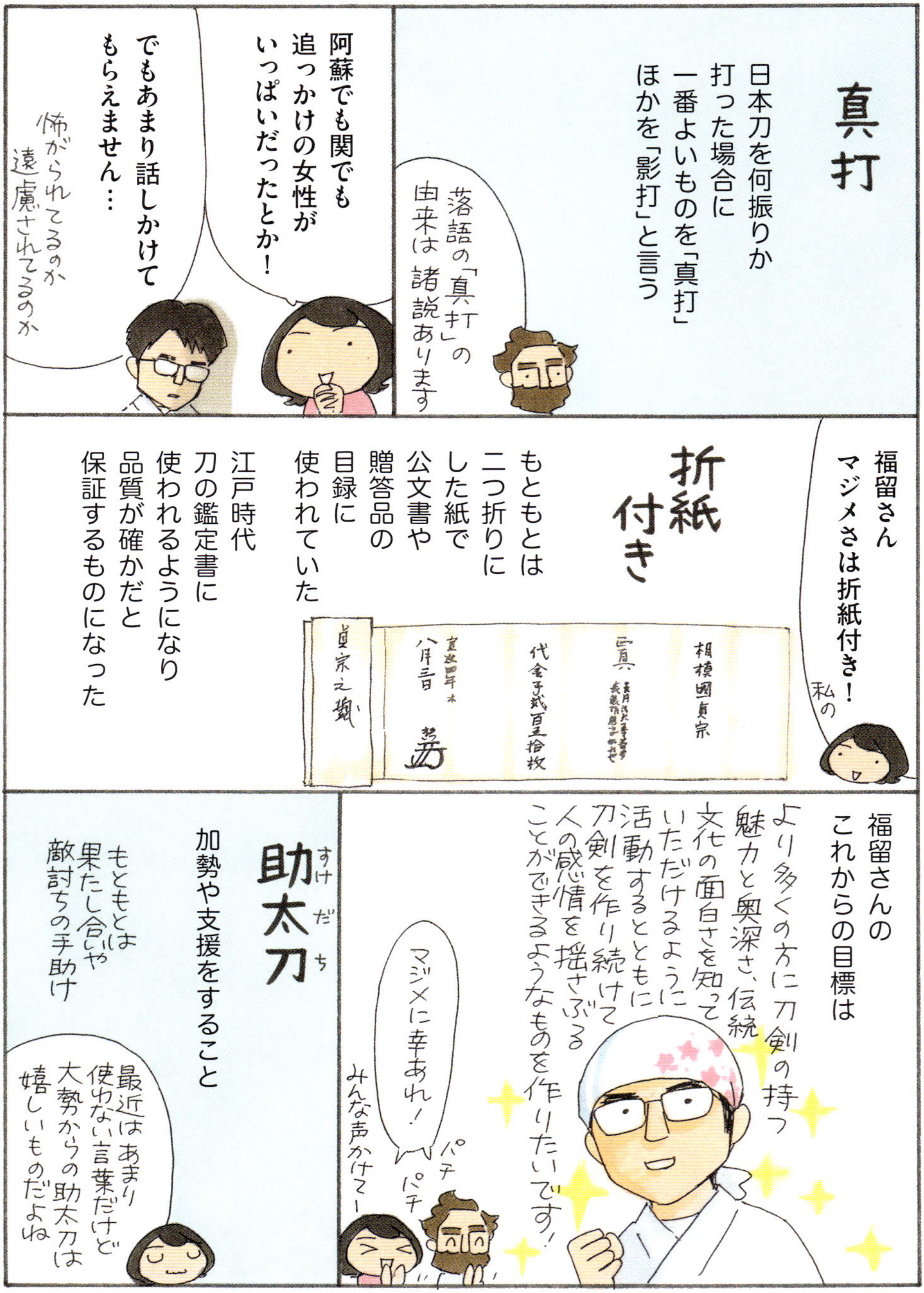
真打
日本刀を何振りか打った場合に一番よいものを「真打」ほかを「影打」と言う
落語の「真打」の由来は諸説あります
阿蘇でも関でも追っかけの女性がいっぱいだったとか!
でもあまり話しかけてもらえません…
怖がられてるのか遠慮されてるのか
福留さんマジメさは折紙付き!
私の
折紙付き
もともとは二つ折りにした紙で公文書や贈答品の目録に使われていた
江戸時代刀の鑑定書に使われるようになり品質が確かだと保証するものになった
相模國貞宗
代金子弐百五拾枚
福留さんのこれからの目標は
より多くの方に刀剣の持つ魅力と奥深さ、伝統文化の面白さを知っていただけるように活動するとともに刀剣を作り続けて人の感情を揺さぶることができるようなものを作りたいです!
マジメに幸あれ!
みんな声かけてー
パチパチ
助太刀《すけだち》
加勢や支援をすること
もともとは果たし合いや敵討ちの手助け
最近はあまり使わない言葉だけど大勢からの助太刀は嬉しいものだよね

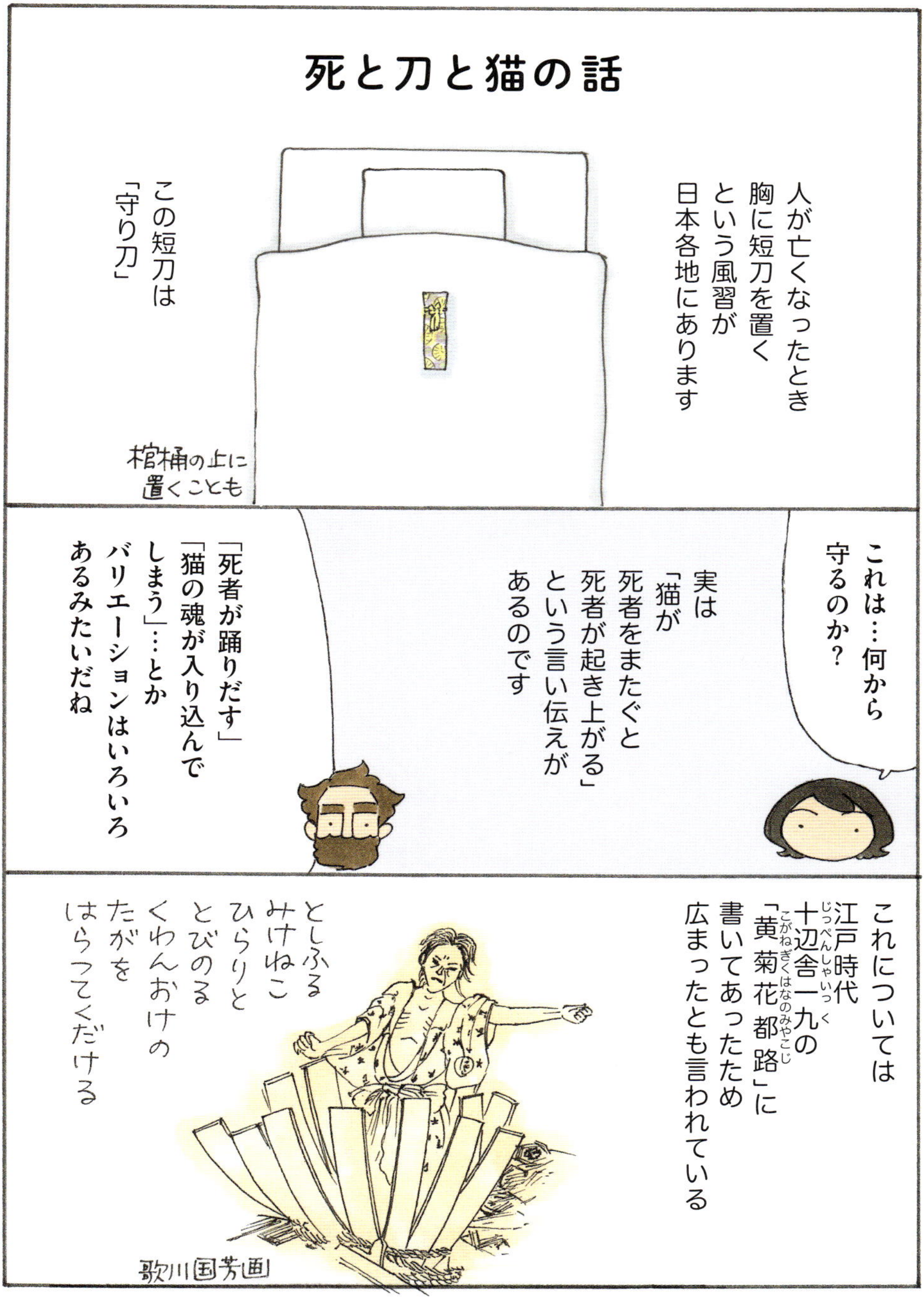
死と刀と猫の話
人が亡くなったとき胸に短刀を置くという風習が日本各地にあります
この短刀は「守り刀」
棺桶の上に置くことも
これは…何から守るのか?
実は「猫が死者をまたぐと死者が起き上がる」という言い伝えがあるのです
「死者が踊りだす」「猫の魂が入り込んでしまう」…とかバリエーションはいろいろあるみたいだね
これについては江戸時代十辺舎一九《じっぺんしゃいっく》の「黄菊花都路《こがねぎくはなのみやこじ》」に書いてあったため広まったとも言われている
としふる
みけねこ
ひらりと
とびのる
くわんおけの
たがを
はらってくだける
歌川国芳画

そして
「猫は光る物を嫌う」
ということで
刃物を置くようになったとか
武士が亡くなった時
枕元や胸に刀を
置いたことが庶民にも
広がったという説も
日常の道具だった
カマの場合もあるらしい
あと「火車《かしゃ》」が
死者を奪いにくる
って話も各地に
あるんだけど…
火車
葬儀の時
急な悪天候を起こして
遺体を奪う妖怪
この「火車」も正体は
猫の妖怪（猫又）と
いわれているんだよね
鳥山石燕《せきえん》画
猫又《ねこまた》
山にいる獣の場合と
人に飼われて
年を取った場合がある
歌川国芳画
ちなみに！
お金がないという
意味の「火の車」
これも
「火車」によって
苦しい思いを
させられる
ということから
生まれた言葉

猫と死と言えば
古代エジプトでは
猫は神聖視されていて
あの世に導いてくれると
思われてたようだよ
ミイラ
猫が死んだら
飼い主は
眉を剃って
喪に服した
猫を
殺したら
時には死刑
気まぐれで夜行性で
瞳孔が細くなったり
するから
昔から神秘的だと
思われていたのかな
しっぽの
揺らし方も
いいよね
さてもともと
「守り刀」と言えば
生きているときに
文字通り
お守りとして持つもの
皇室では
赤ちゃんの健康を願って
天皇陛下から
守り刀が贈られます
花嫁に持たせる
「守り刀」もあった
今でも婚礼衣装に
残ってます
昔のお墓には
剣が入っていたし
生きることにも
死ぬことにも
関わりが
あるんだな
刃物も猫も
大切にしたい…
猫派

この前、ちょっとブームになっていたハンドスピナー、遊んでいる子どもを見て思い出した。13歳くらいのとき、自転車で新聞配達をしていて、これとよく似たものを見かけた。近所の人がそれを薄い板に向けて投げる練習をしていた。当時、日本文化に対して著しく無知だった僕は「忍者」もさっぱりだったし、手裏剣を見るのもはじめてだった。

「それ、何？」「Ninja Star 手裏剣とも言う」

「忍者って何？」「日本のスパイみたいな、いや武士みたいな人」

「……？」

ドイツでは手裏剣は違法だ。実はヨーロッパでは、その所有を違法とする国が多い。北米だって、同じ。たまたま僕が育ったここニュージャージー州では、それが許されているが。その点、理解あるところに育ったおかげで、手裏剣を見ることも触ることもできた。さらに、数回だけだけれど、投げさせてもらった。そのとき、的に命中できたかどうか……おかしいことに全然記憶がない。

今思うと、手裏剣にこうして触れられたことが日本に対して興味を持ち、来日する理由の一つにもなった。その何十年か後、関市でまた手裏剣を見た。鍛錬所隣の販売店で、わけあり品を安売りしていたのでいくつか買ってみた。多くは少

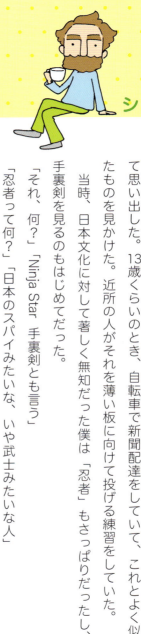

Tony's Column

し凹んでいたのが問題。鍛錬体験が終わってから、刀匠の道具を借り、指示に従い、手裏剣の曲がったところを叩き、だいたい正常に戻せた。

ということで、今は、本物の手裏剣の持ち主になっている。いつかまた投げてみたい。問題は場所だ。日本だと（ものによって）合法だし、本場だから正しい投げ方を教えてもらえそう。それとも、父の故郷ハンガリーに持っていけるかな？ ここでは基本、投げてはいけない。しかし、所有しているのが兵隊さんであれば合法のようだ。親戚で兵隊さんがいるから、持っていけばきっと喜ぶ。お土産なら大丈夫かな？ あるいは、ニュージャージー州に、このために、わざわざ里帰りをするか。あの隣人、未だに手裏剣を持っているかな？ 日本がどこにあるかすらわからなかったあのときの僕がそこに行って、「これを持って帰ってきたよ」と言ったら、相当びっくりするだろう。その人がいなくても、その辺で一人で投げていれば、当時の僕とそっくりの2、3人がきっと寄ってくるに違いない。

ただ、今のアメリカの若者は、手裏剣のことも忍者のことも、全部わかっているだろう。だから、「それ、何？」から始まる会話もなく、いきなり投げ合いに入る。きっと盛り上がる。

今度こそ、的を射るぞ。

ナイフでおはしを

さてここで
トニーの心を表している
ことわざを
見てみましょう
A man without a knife,
is a man without a life.
直訳
ナイフを持たない人は
人生を生きていない
「No Knife No Life」みたいな？
有名なコピー「NO MUSIC, NO LIFE!」っぽく言えば
まぁ
「ナイフさえあれば いろいろできる」って感じだね
意外と軽い
ということで
キットで作れる
ナイフも作りに
「ガーバー・サカイ」さんへ
キット内容
テープ
ブレード
ボルト
チューブ
ピン
ヒルト
ハンドル
シース（ケース）
名前は
「シースナイフ」
ですね
日本語では
「登山ナイフ」
ガーバー・サカイ
社長
坂井澄雄さん
まず
ブレードに
ヒルトを差して
ピンを入れる

そしたらね かしみしろを残して 飛び出たピンの 余分なところを 切って…
「かしみしろ」?
そう かしめるときに かしみしろが短いと かしまらないし 長いと出っぱる…
かしまる かしまらない ?
日本語?
かしめる 接合部分に はめこまれた金具を 打ったり締めたりして 固く留めること
「かしみしろ」 でっぱっている部分 叩いてつぶす
ピン
ヒルト
ブレード
アクセサリー製作の 道具でも
カシメ
かしめる
布や革
使ったことあった!
コンコンコン
どうですか?
音聞いてると もうちょっと やってねー
そしたら 練習で 1回 組み立てて ください
ボルト
ハンドル
なぜ練習するかと いうと…
本番で使う 接着剤が早く 固まります からね
10人くらいで 作ると2~3人 途中で くっついちゃう
混ぜてから 5分
その2~3人に 入りがちな人

じゃあ接着剤をよく混ぜて塗ってハンドル乗せてください
もっと
ぺと ぺと ぺと ぺと ぺと ぺと
裏もね もっと
そ…
ハンドル逆じゃない!?
あっ
その逆じゃないっ
今何分？
ひっくり返して
危ないながらもギリギリ終了
続いて研磨
さおりちゃんやる？
「ちゃん」…故郷って優しい
社長さんとは初対面だけど同級生の知り合いはいるしきっと「近所の子」的感覚…
関の子はナイフの使い方知っとかなあかんよ
はい
いいねー
ゴィーン
私たちはグラインダーでやったけど普通は手で
これ楽しいとこ 1~2週間かけたり朝までやったり
現れた部長
グラインダーでやると手でやるのイヤになってまうねー
ボクとかは
末っ子芳郎さん
実は坂井さんち男ばかりの5人兄弟全員この会社に
長男の引退後次男が現社長さん
長男の息子貞治さん↓
会社のため英語も習得SNS発信も

削りすぎたかも…
個性があっていいから
というこどだったがその後もかなり細かく研磨していった結果…
明らかに削りすぎたね
白い…
まあ…アイボリーもまたいい味が出るから
やさしい
紙ヤスリでも磨く
このハンドルの素材は何ですか?
ゴシゴシ
「サンバー」っていう鹿の大きな角です鹿は自然に角が落ちるからねそれを昔輸入したもの
Sambar《サンバー》
水鹿《スイロク》
今はワシントン条約で輸入禁止
関にも鹿出るそうですね
うんタヌキもおるな
タヌキは評判どうですか?
え?
んー…タヌキは農作物食べないからいいけど
評判は、よかった。

最終仕上げ
バフ専用
「バフ」ね
バフ！
かわいい
バフ知っとる？
いえ初めてです
関の子なのにバフ知らん？
なんか関の子のハードルが高い
布って言っても結構強いからね引っかかると飛びますよ
先っちょ当てないでね
ゴィ〜ン
ピッ
あっ
飛んだ
少し折れたね
削れば直るけど…思い出としてこのままでもいいと思うけどね
ん〜…
直してください
息子に渡したいのでその思い出は託さなくてもいいかなと
直してもらい刃にイニシャルを入れてもらった
大きな型をなぞると小さく彫ってくれるマシン

そして完成
ではもう一つのミッションへ!!
採ってきといたよ
竹林から
もう一つははし作り
大きい!!
切っといたのもあるからいいの選んで
これいいなー
ドイツに持ってく?
鉛筆立てとして!
コン コン
もっと細くしてから
削る
鉛筆もそうやけど最初にザクッと入れて抜ける時薄くするといいね—…
気持ちはそうしてるんですけども…
今日…初めてお会いしたんですか?
えっ?
時々あるこの感じ

何回か関に来てるんですけど前にもお会いしたような気がして…
関《せき》顔《がお》疑惑
こうして削ってると「ウィットル」って言葉を思い出すねー
Whittle《ウィットル》
少しずつ削る
そぐ
なんとなく目的なく削ってる時にも使うね
絵は
Doodle《ドゥードゥル》
目的なしに描く
いたずら書きをする
たまにやるといいんだよね
意外と何か生まれたりする
あと…好きな数学の本も思い出すなー
点が線になって三角形になって多角形になって…
球体を目指すんだけどなれないっていう
千面体とかになっていくんだけど
そう言えば地球上では完全な球体はできないってね

へぇー重力でゆがむとか?
できたー??
そうそう
何かをしながら
とりとめのない話が
広がっていく
遠い遠い昔には
こういう時間が
もっともっと
長かったんだろう
なんて思いつつ
現代では
時間切れ
最後は
グラインダーで
あつっ
ゴゴゴィーン
社長さんにかなり
仕上げてもらって完成
はし置きも
部長さんが作ってくれた
つまみ放題!!

ちょっと鋭いお話

「ポケットナイフを買ってくれないなら、自分のお金で買えばいいだろう」

10歳になっていた僕は、マンハッタンのベッドタウンである故郷で、登校前に新聞配達をやっていた。だから、勉強だけをしていた子どもと比べるとお金を貯めていた。これで十分いいナイフが買えそう。それは毎朝4時に起きることに対する、いいご褒美になる。でも、肝心な「親からの許可」が出ない。

「ナイフはだめ」

彼らが慎重になるのには理由があった。ナイフを持っている青少年は「チキン」という遊びをやっていた――会場は我が家の真ん前の公園。これはナイフが土に突き刺さるように投げ合うゲームだ。ただ投げるのではなく、自分の足元を狙うのがポイント。足の最も近くに突き刺せた者が勝ち。大きく外した者は根性無しということで、負け。そして……見事、足に当ててしまった者は病院行き。これも、たぶん負け。見方によってはとても魅力的な遊びだが、どうやら両親の目にはそのように映っていなかった。

「高校卒業を、足の指10本で迎えられるように」という思いで、チキンもナイフを持つこと自体も、固く禁じられた。

それから5、6年経ったある夏休み、僕は田舎で農業を営んでいた叔父のとこ

Tony's Column

ろへ送り込まれた。「汗をかく大人の世界をせがれに体験させる」というのが、両親の意図だったと思う。叔父は手先が大変器用で、副業として大工もやっていた。僕は彼の手伝いをしたのだが、木材を運ぶのはできても、大工道具を扱うのは下手で、刃物も自信を持って使えないことがバレた。叔父が「まったくの都会っ子だ」と迷惑そうに両親に愚痴を言っていたのを覚えているけれど、恥をかいたのは僕だったか、親だったか、頭の中ではっきりしない。

叔父は仕事のできる男ではあっても、技術伝授の名人ではなかった。残念ながら、あの夏の体験で刃物が使えるようになったとは言えないが、得たものがないわけではない。

刃物をうまく使うのがカッコいいということ、大人はある程度刃物が使えて当然、という期待が世の中にあることも確認できた。と同時に、「ナイフはだめ」という親の意向は、その期待に相反することもわかった。こんなことでは子どもが近い将来、世の中の期待に応えられるはずがない。

無料研ぎ教室

関市にある「刃物会館」では無料で包丁研ぎを習えます
関《ぜき》の刃物
先生は松並さん 刃物会社を定年後ここで教えて14年
使うのはステンレスの普通の包丁
砥石は600番
親指でしっかり押さえる
刃の傾きは10度くらい
刃
一定に!
刃の端から端までを一度に
ステンレスは硬いから力入れてください
シュー
シュー
シュー
音が違う
触ってみて「バリ」が出とったらOK「バリ」さえ出とりゃ切れるでね
刃
「バリ」または「返り」

「バリ」確認後裏返して仕上げの3000番へ
家やったら600か1000で軽く何回か研いでください
1枚買うなら600番がオススメ
仕上げは力いらない
習って研ぐと
めっちゃ切れる！
しゅぱー
そんなにいい包丁じゃないけどね
トニーですら
まだまだ力が足りんでね
力だけはあるんですけどねー
おかしいな
ゆっくりでええから
仕上げ用は革もある
これでも「バリ」が取れるで
あっ床屋さんで見たことある！
革
青棒を（研磨剤）塗る
どのくらいの頻度で研げば？
トマトの皮がすべると思ったら研いでください
こまめにやると楽やで
この中に前からトマトがすべっているがずっと気がつかないふりをしてきた者がいる
はい!!
冷凍はあかんよ冷凍モノを切ると刃こぼれするでね
どんな包丁も冷凍には勝てん
しかしかなり刃が欠けていても

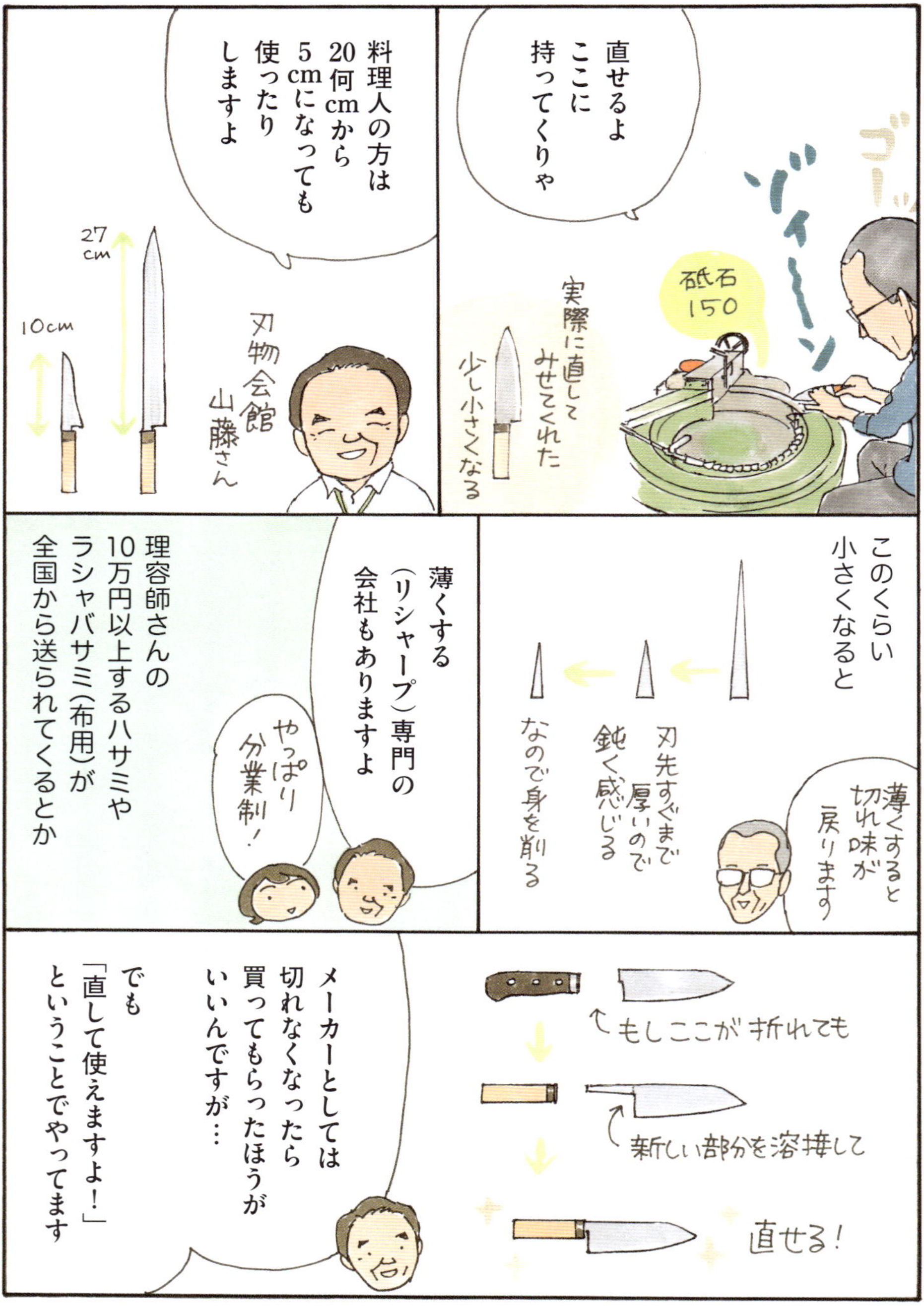
ゴッ
ヴィ〜〜ン
直せるよ ここに持ってくりゃ
砥石150
実際に直してみせてくれた
少し小さくなる
料理人の方は20何cmから5cmになっても使ったりしますよ
刃物会館 山藤さん
27cm
10cm
このくらい小さくなると
刃先すぐまで厚いので鈍く感じる
なので身を削る
薄くすると切れ味が戻ります
薄くする（リシャープ）専門の会社もありますよ
やっぱり分業制！
理容師さんの10万円以上するハサミやラシャバサミ（布用）が全国から送られてくるとか
もしここが折れても
新しい部分を溶接して
直せる！
メーカーとしては切れなくなったら買ってもらったほうがいいんですが…
でも「直して使えますよ！」ということでやってます

長く使うのはいいことですね
手になじんで自分のものになっていきますし
栗
小判
八角
柄の材質や形もいろいろあるので手に合うものを選んで
ステンレスと言っても
たまにしか使わないとサビが出ることありますよ
炭素が入ってますから
ステン《しみ》レス《なし》
「ステン」は「サビ」ではなく「しみ」
ああ日本では「ステイン」って言うね
歯のステインとか
ちなみに保管するとき
刀匠福留さん
昔の新聞紙は油性インクだったのでサビ防止になりましたが
今は酸性のものもあるので普通の紙のほうがいいですね
錆を防ぐ「防錆紙《ぼうせいし》」もある
さて私の包丁も先生に見てもらった
ここにへこみがあるんですけど…
使って研いでいけば直っていくよ
私の包丁も成長中ってことですね！

Tony's Column

おトギばなし

刃物を研ぐのに水がいる。最近研いでいなくても、ある民謡がそれを思い出させてくれる。

「ね、水を運んできて」

「何で？」

「バケツでだよ」

「でも、バケツに穴が開いているよ」

「穴をふさいでよ」

「何を使って？」

「藁を使えばいいよ」

「でも藁は長すぎるんだよ」

「切ればいいさ」

「どうやって？」

「斧を使って」

「斧は、切れ味が悪いんだよ」

「じゃ、研ぎなさいよ」

「何で？」

「石で」

「石はからからだよ」

「濡らせばいいさ」

「何で？」

「水でだよ」

「水をどうやって運んでくるの？」

「……バケツでだよ」

「だから、バケツに穴が開いているってば！」

循環論法とは楽しいものだ。でも、この歌は、「物の修理」や「工夫」という価値観を訴えているとも言える。バケツに穴が開いたなら、新たに買いに行くのではなく、あるものを直そうではないか。そして刃物がなまくらになったのが問題なら、研ぎなさい！

研ぎ石が乾いていた場合……雨が降った後にやればいいのさ。

PART 2

美濃の和紙と多治見の器

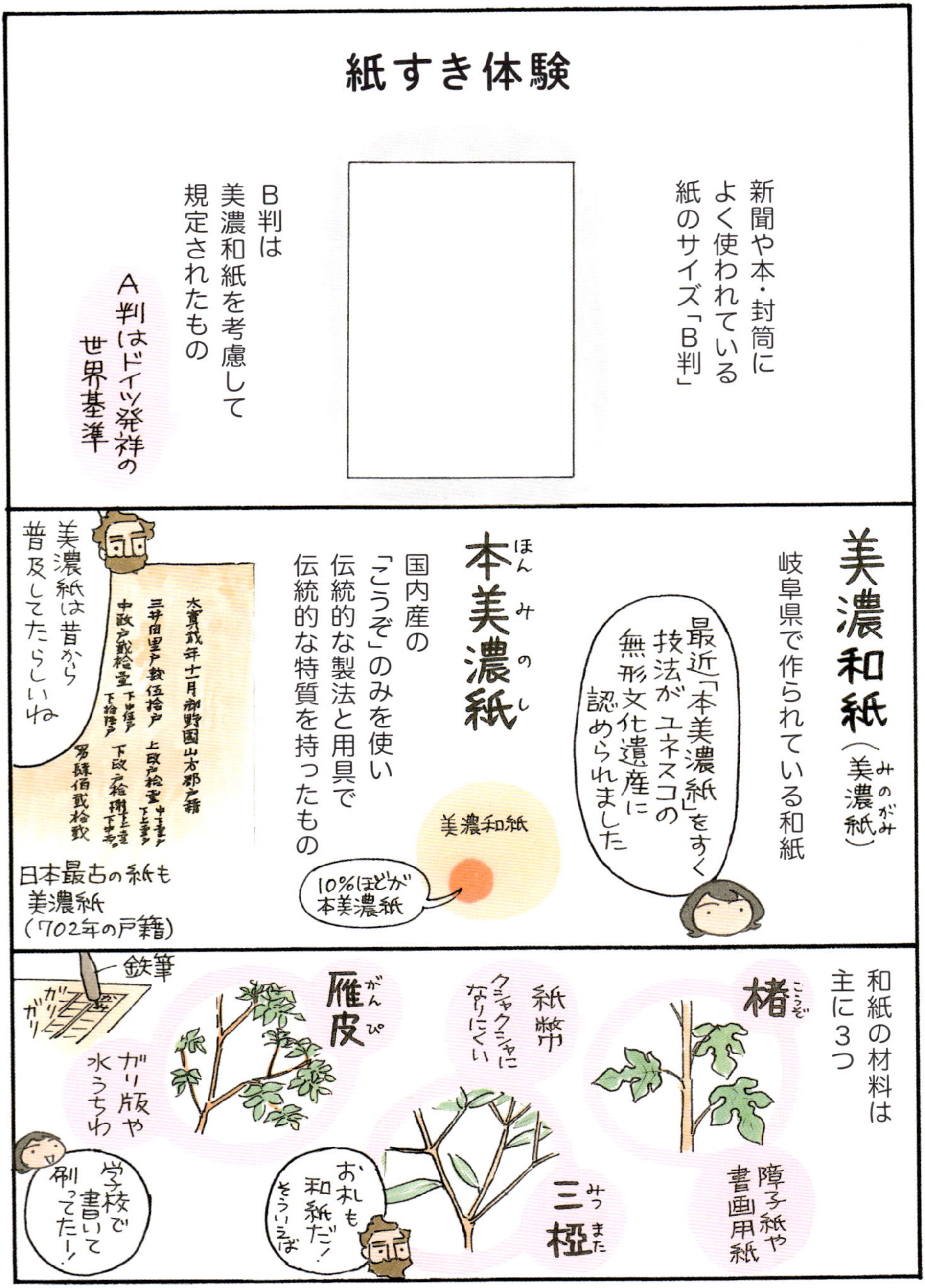
紙すき体験
新聞や本・封筒によく使われている紙のサイズ「B判」
B判は美濃和紙を考慮して規定されたもの
A判はドイツ発祥の世界基準
美濃和紙（美濃紙《みのがみ》）
岐阜県で作られている和紙
最近「本美濃紙」をすく技法がユネスコの無形文化遺産に認められました
本《ほん》美《み》濃《の》紙《し》
国内産の「こうぞ」のみを使い伝統的な製法と用具で伝統的な特質を持ったもの
美濃和紙
10%ほどが本美濃紙
太寶貳年十一月御野國山方郡戸籍
美濃紙は昔から普及してたらしいね
日本最古の紙も美濃紙（702年の戸籍）
和紙の材料は主に3つ
楮《こうぞ》
障子紙や書画用紙
紙幣
クシャクシャになりにくい
三椏《みつまた》
お札も和紙だ！
そういえば
雁皮《がんぴ》
ガリ版や水うちわ
鉄筆
ガリガリ
学校で書いて刷ってた！

今回は「こうぞ」で紙すき体験
「こうぞ」はこの状態になるまでにすでに手がかかっています
美濃和紙の里会館 渡辺さん
蒸して皮をはぐ
黒い外皮を削り取る
水にさらす
炭酸ソーダで煮る
次は「ちり取り」
黒皮の残りや汚れた部分を取ってください
「かみしぼり」ともいいます
キズなど
これがとても大事な作業
すごく時間かかりますね
ぬめってる
冷たい水だね
井戸水
この取った部分は捨てるんですか
これも「ちり紙」としてすきます
「ちり紙交換」の「ちり紙」?
ちり紙
①「ちり」を利用した紙「ちり入り紙」
②古紙を再生した紙
甘皮や表皮も入る
ここですくのは①でちり紙交換は②だね
ちなみに…今の「わら半紙」はわらは使われず、コピー用紙より高いけれどケーキを焼くとき使われているらしい
あとハムスターの巣

さてちりが取れたら
昔は木づちで
叩いて
ほぐしていた
今は機械を
使うことが
多い
美濃独特のミゾ
石
ペタン
ペタン
そして「すきぶね」へ
このとき
「トロロアオイ」も入れる
目分量
こうぞ
水
すきぶね
このトロロアオイこそが
日本の大発明！
「トロロアオイ」の
根っこから出る粘液
通称「ネリ」により
1
こうぞが水中で
均等に浮く
2
紙をすくとき
「けた」から
すぐに
水が落ちない
このおかげで いい紙に!!
オクラの仲間だけど
おいしくないらしい…
花は
食べられる
残念…
竹の棒や「まぐわ」で
100回くらいかき混ぜてから
数えた？
……うん
数えてないだろう
紙すきの道具は
どの地方も共通しているけど
すき方はいろいろ
「けた」
「こて」とも
「す」
竹ひごを
絹糸で編んである

美濃の特徴は「流しすき」
①化粧水
「少しすくって流す」を3回
②横揺《ゆ》り
左右に何回か
③縦揺り
前後に何回か
④払い水
一回すくって流す
交互にやる
「十文字すき」とも
まず「ちり入り紙」で練習
はい
向こう側に水を捨ててください
はい…
均一な厚みにするのが難しい…
チャプ チャプ チャプ
自分の体をほんの少し動かすようコントロールすることの難しさ
昔デッサン描いてて先生に言われた「目で見たものを腕に伝えるだけやのに不器用やなー」っていうのを思い出す…
たしかに。
すき終わったら
開けて
「す」を少しだけ下ろして
「す」を持ったまま水を切り
左手で持ち上げてから向こう側も右手で持ち
頭を越すようにして
後ろの「たね台」に空気が入らないように下ろしていく
アミ
「たね台」

端をめくってから
グッと押さえて
パッと放す
パタン
…と「す」と紙の端がはがれる
その後「す」をゆっくり持ち上げて紙だけ残す
しかしこれがぜんっぜんはがれない
水を足らしてもらいはがせたが…
ヨレましたね
ヨレたらうまく直せない…
ドーナツの上にかける「グレーズ」に似てるね
半透明の
君はお腹が空いてるのか?
職人さんは紙を重ねていくそれを「たねる」という
たねがみ
重ねてもくっつかない
トロロアオイが効かなくなってきたので少し足しますね
手で切る
しゅぱっ
もう!? すぐ効かなくなるっていうことは大量にいりますね
しかしトロロアオイの農家はどんどん減っている
こうぞも減っていて今はパラグアイやタイからも輸入してます
でもやっぱり質が違う…
若手の職人がこうぞの栽培を始めてもいるでも大変ピンチな状況
トニーさん上手ですね
いつの間にか器用に…?
チャプ
チャプ

普通は圧搾機で
水分を絞るけど
ここはバキュームで
シュパーッ
ゴーッ
ココ
一瞬で色が変わるくらい吸われる!!
網から紙をはがし
乾燥機に張り付ける
まず角を付けてから
真ん中から左下へ…
お湯で温めた鉄板内蔵
本番は3枚ずつ
そーです そーです そーです!
めっちゃ優しい
チャプ
チャプ
紙もいろいろ種類があり
何かを挟むこともできるし
穴を開けることも
薄い紙をすいてかぶせる
モミジなどを載せる
落水紙作成中
シャーッ
BBQ用アミ
和紙完成
トニー
さおり
落《らく》水《すい》紙《し》
水で模様ができる
抜けきっていない穴
穴
穴
この紙でちょうちんを作りに行きます

紙の歴史

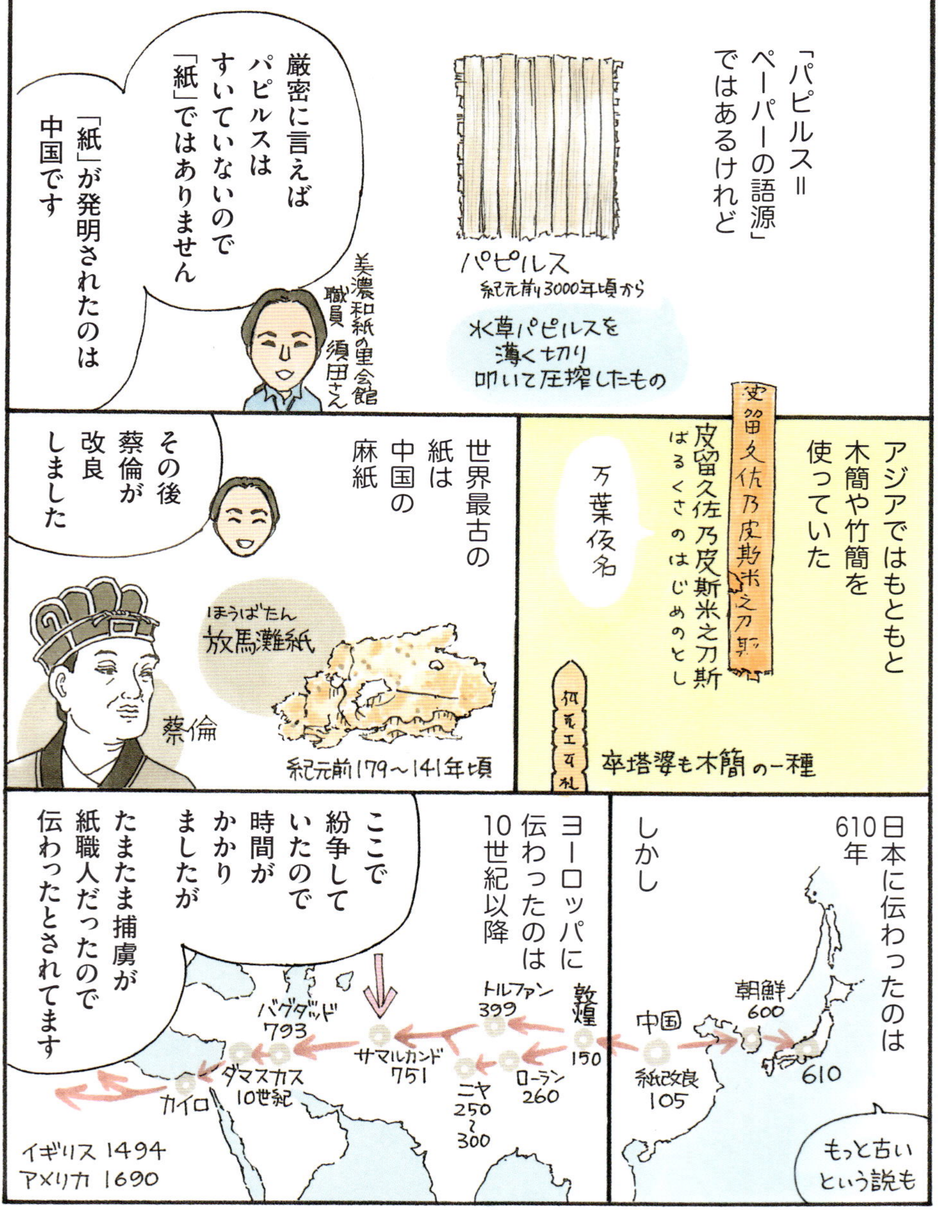

「パピルス＝ペーパーの語源」ではあるけれど
パピルス
紀元前3000年頃から
水草パピルスを薄く切り叩いて圧搾したもの
厳密に言えばパピルスはすいていないので「紙」ではありません
「紙」が発明されたのは中国です
美濃和紙の里会館職員 須田さん
アジアではもともと木簡や竹簡を使っていた
皮留久佐乃皮斯米之刀斯
はるくさのはじめのとし
万葉仮名
卒塔婆も木簡の一種
世界最古の紙は中国の麻紙
その後蔡倫が改良しました
放馬灘紙《ほうばたん》
紀元前179〜141年頃
蔡倫
日本に伝わったのは610年
しかし
中国
紙改良 105
朝鮮 600
610
もっと古いという説も
ヨーロッパに伝わったのは10世紀以降
ここで紛争していたので時間がかかりましたがたまたま捕虜が紙職人だったので伝わったとされてます
敦煌 150
トルファン 399
ローラン 260
ニヤ 250〜300
サマルカンド 751
バグダッド 793
ダマスカス 10世紀
カイロ
イギリス 1494
アメリカ 1690

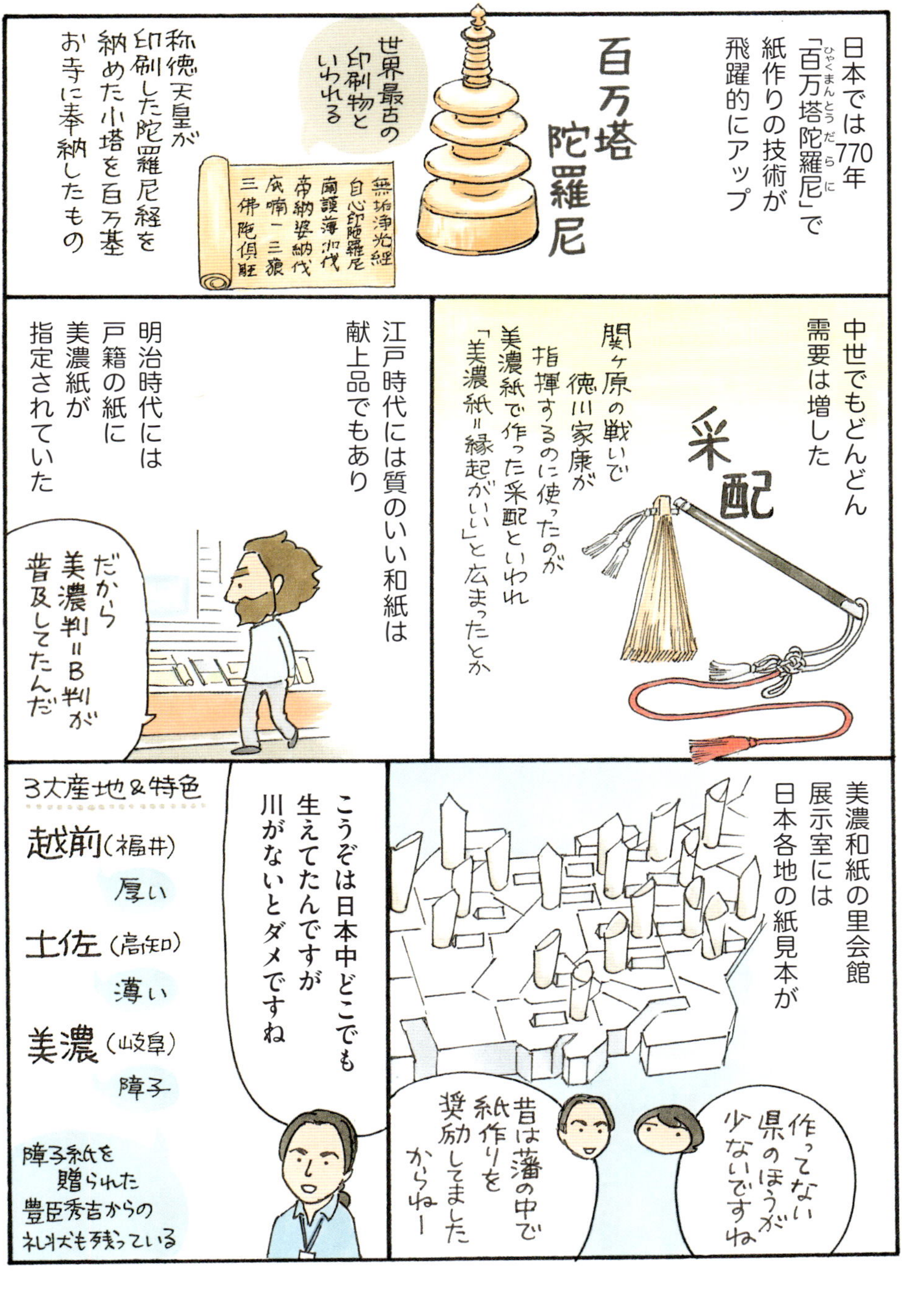
日本では770年「百万塔陀羅尼《ひゃくまんとうだらに》」で紙作りの技術が飛躍的にアップ
百万塔陀羅尼
世界最古の印刷物といわれる
無垢浄光経
自心印陀羅尼
称徳天皇が印刷した陀羅尼経を納めた小塔を百万基お寺に奉納したもの
中世でもどんどん需要は増した
采配
関ヶ原の戦いで徳川家康が指揮するのに使ったのが美濃紙で作った采配といわれ「美濃紙＝縁起がいい」と広まったとか
江戸時代には質のいい和紙は献上品でもあり
明治時代には戸籍の紙に美濃紙が指定されていた
だから美濃判＝B判が普及してたんだ
美濃和紙の里会館展示室には日本各地の紙見本が
作ってない県のほうが少ないですね
昔は藩の中で紙作りを奨励してましたからねー
こうぞは日本中どこでも生えてたんですが川がないとダメですね
3大産地＆特色
越前（福井）
厚い
土佐（高知）
薄い
美濃（岐阜）
障子
障子紙を贈られた豊臣秀吉からの礼状も残っている

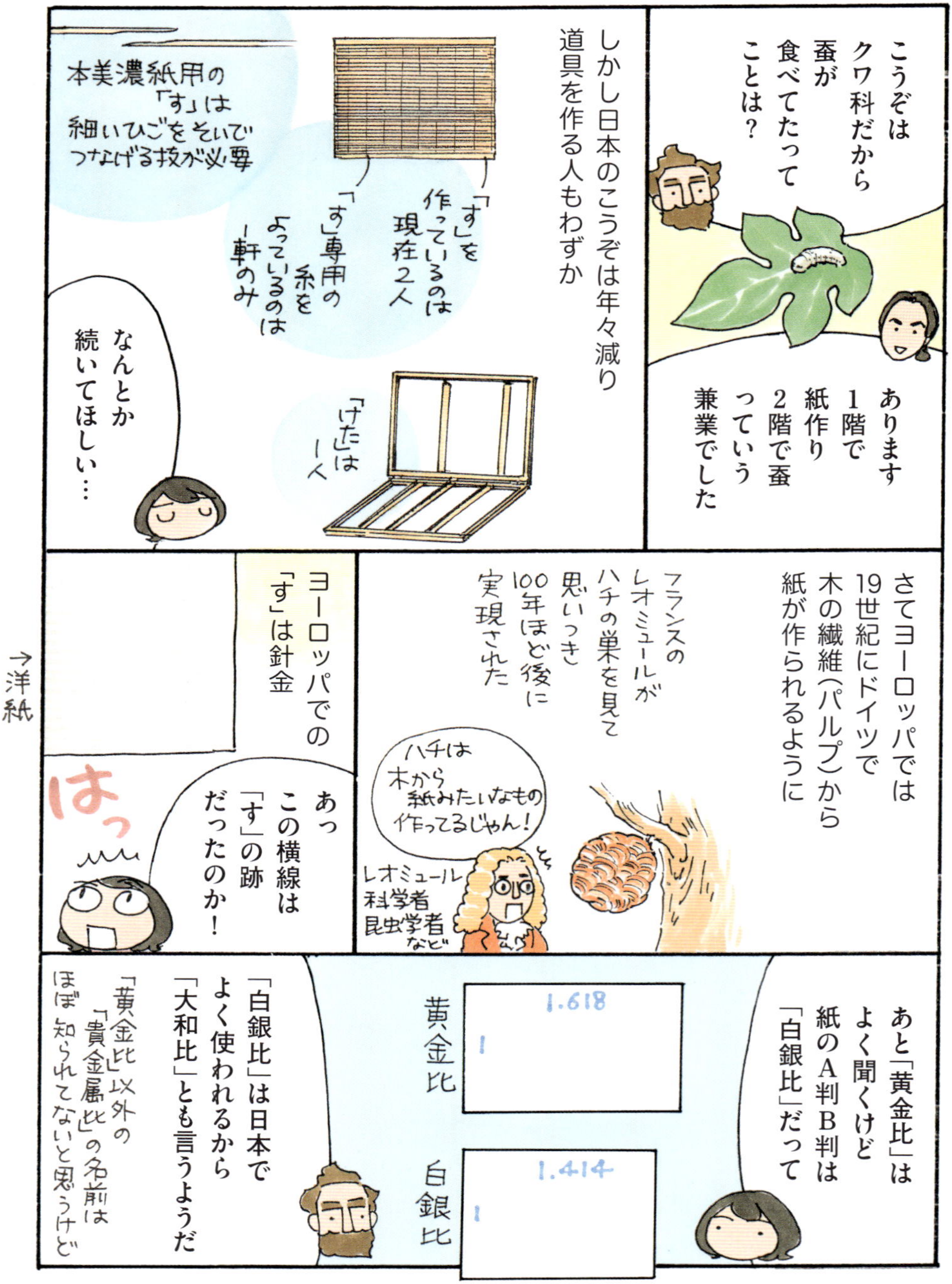
こうぞはクワ科だから蚕が食べてたってことは？
ありますす1階で紙作り2階で蚕っていう兼業でした
しかし日本のこうぞは年々減り道具を作る人もわずか
本美濃紙用の「す」は細いひごをそいでつなげる技が必要
「す」を作っているのは現在2人
「す」専用の糸をよっているのは1軒のみ
「けた」は1人
なんとか続いてほしい…
さてヨーロッパでは19世紀にドイツで木の繊維(パルプ)から紙が作られるように
フランスのレオミュールがハチの巣を見て思いつき100年ほど後に実現された
ハチは木から紙みたいなもの作ってるじゃん！
レオミュール 科学者 昆虫学者 など
ヨーロッパでの「す」は針金
→洋紙
はっ
あっ この横線は「す」の跡だったのか！
あと「黄金比」はよく聞くけど紙のA判B判は「白銀比」だって
黄金比
1.618
1
白銀比
1.414
1
「白銀比」は日本でよく使われるから「大和比」とも言うようだ
「黄金比」以外の「貴金属比」の名前はほぼ知られてないと思うけど

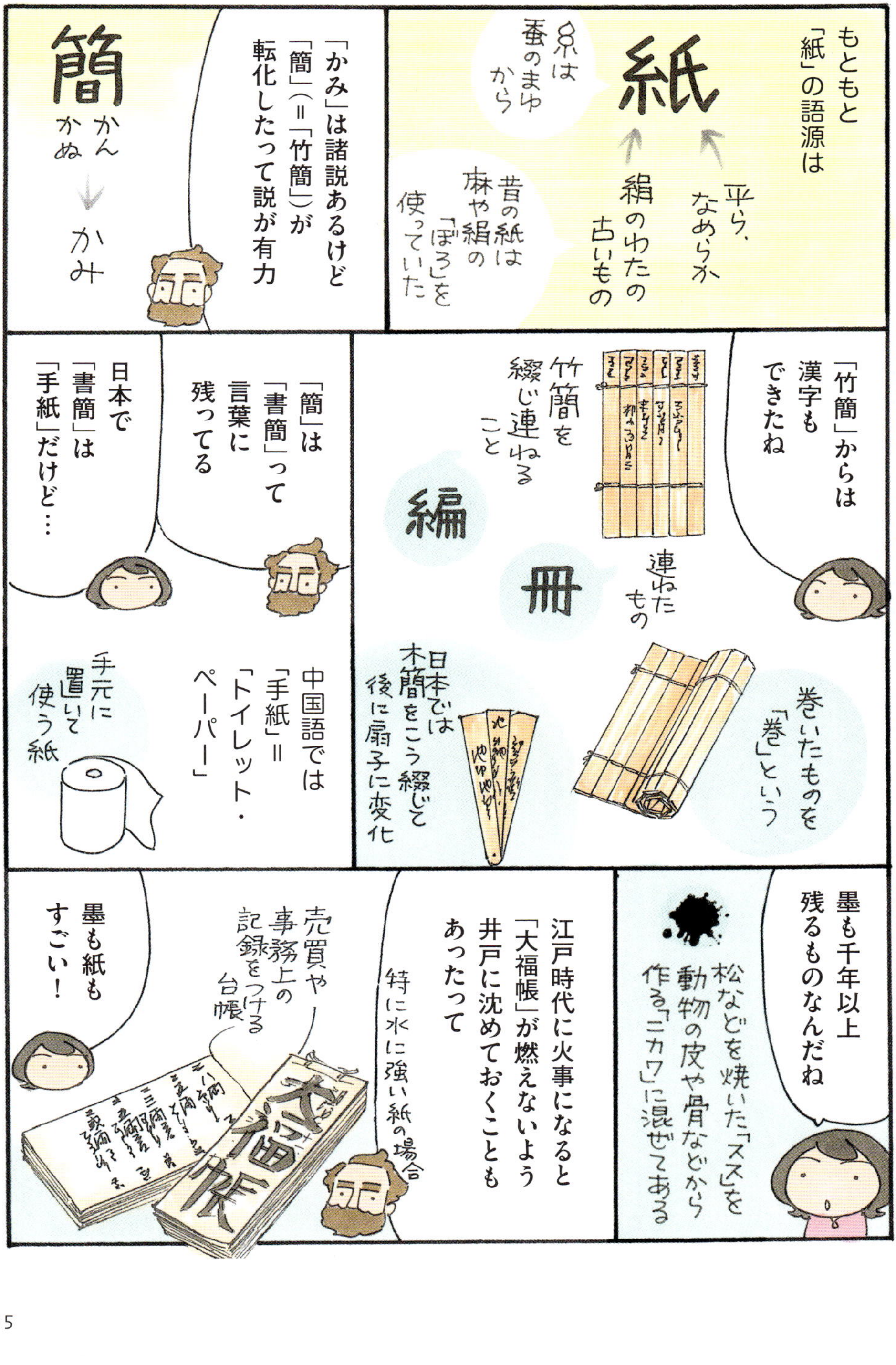
もともと「紙」の語源は
紙
糸は蚕のまゆから
平ら、なめらか
絹のわたの古いもの
昔の紙は麻や絹の「ぼろ」を使っていた
「かみ」は諸説あるけど「簡」(=「竹簡」)が転化したって説が有力
簡
かん
かぬ
かみ
「竹簡」からは漢字もできたね
竹簡を綴じ連ねること
編
連ねたもの
冊
巻いたものを「巻」という
日本では木簡をこう綴じて後に扇子に変化
「簡」は「書簡」って言葉に残ってる
日本で「書簡」は「手紙」だけど…
中国語では「手紙」=「トイレット・ペーパー」
手元に置いて使う紙
墨も千年以上残るものなんだね
松などを焼いた「スス」を動物の皮や骨などから作る「ニカワ」に混ぜてある
江戸時代に火事になると「大福帳」が燃えないよう井戸に沈めておくこともあったって
特に水に強い紙の場合
売買や事務上の記録をつける台帳
大福帳
墨も紙もすごい!

てがみのかみ

息子は、その世代からしてデジタルネイティブに属するらしい。けれど、同時に「礼状ネイティブ」にもなってほしい。いや、簡単にメールで出す2、3行ではなく「本物」の。紙に書いて、封筒に入れて、切手を貼って、郵便局から出す、という意味の礼状。拷問や虐待にならないように、頻繁に書かせるのではなく、時と場合を見て、年に数回程度でいい。

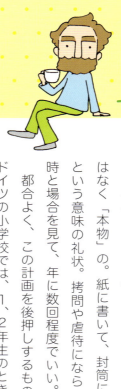

都合よく、この計画を後押しするものがそばにある。トニーニョが通っているドイツの小学校では、1、2年生のときから、児童が紙とペンを使って文字を書いている。小さな手で不慣れな手つきで作業していると、インクがこぼれてシミが紙に付き、手に付き、そして服にまで付く。紙を乱暴に扱っている子はそのうち手を切ってしまう。なんで？　何これ？　これで紙をなめてはならない、という教訓を覚える。3年生のときから、児童は万年筆を握って筆記体に突入。圧力をほとんどかけずに済むので、筆を紙の上に滑らせながら書く方法が身に付く。その影響か、息子の字は僕のよりきれいだ……と認める。

報道によれば、紙とペンに代わって、はなからタブレットで書き方を習わせる小学校がフィンランドや合衆国をはじめ、世界のあちらこちらに現れている。これで鏡文字を書かなくて済むし、ある順序にさえしたがっていれば、どんな生徒

Tony's Column

でも一応読める文字が書ける。簡単に。早く。これがメリットかな。世界のこの動きを意識すると、我が息子の学校はなぜ今もなお、紙と万年筆、そして筆記体にまでこだわるのか？　そう聞きたくなるだろう？　答えは……「ちゃんとした礼状を書くためだ！」。文房具屋でぴったりの紙を選び、筆を用意して、文の内容を考える。書いてみて、書き直す。時間をかけて礼状をきれいに仕上げて、郵便局へ足を運び、切手も選んで封筒に貼る。

一瞬ではなく、1時間あるいは1日かけてできたこの礼状を受け取った相手の肝心な反応は？　喜んでもらえている。というより、感心されている気がする。息子にお誘いがあり、彼らとの付き合いが深まっているところを見れば、ちゃんとした礼状を出す我が家の習慣が人にいい印象を与えていると言える。でも……同様の礼状が同級生からなかなかうちに送られてこないではないか。変だな。ちびのときから、その子たちも繰り返し繰り返し練習してきたはず。きれいな紙に文字がきれいにうつるまで、万年筆を当てて、滑らせて。

これはきっと時間の問題だ。そのうち、スマホをいじりすぎたその子たちも大事な何かを思い出して言うだろう。「どこにしまってあるの、万年筆と紙？　私が習った方法で、今、この気持ちをちゃんと伝えなきゃ！」

澤村さん
澤村 正さん
今
本美濃紙をすける
5人のうちの一人
京都迎賓館の
障子や照明に
使われた本美濃紙は
澤村さんがすいたもの
5千枚
88歳
こうぞ
言ってしまえば
これを
1枚の紙に
するだけです
これを水に
ほとぼいとくん
やけど
水がきれいやで
肌もきれいに
なりますよ
「つけておく」
ここは
水がきれい
空気がきれい
…で心が
きれいやと
きれいな紙が
できる
ニコッ
お茶目
昔 美濃市は紙すきが多く
澤村さんの家も
紙すきが家業
子供の頃は
男は兵隊になる
ってことしか
教えられんかった
戦争が終わって
さて何しましょう
町も焼けてまったし
見当がつかん
とにかく紙すこう
ってなった
澤村さんは次男
長男は戦死された

そして15歳から紙をすいて70年以上
わし「安気《あんき》」って知らんのみんな本番やろ？緊張のしづめ！
紙は一枚一枚売り物ですもんね
奥様は？
近所の人「おいおいおい」って呼ばったら来た同じ紙すきの家
昔は同じ職業でよく結婚しとった
枚数を数える道具 ソロバンの球で手作り
一時期本美濃紙の職人は澤村さんともう1軒のみに
それくらい厳しい仕事 精神も鍛えなできません それを根性という
現在は5人 また美濃和紙の職人は17軒
やめたいと思われたことは？
やめたかったけど やめれなんだ
兄弟はみんな家出たけど
わしも40くらいのとき東京行かしと思って準備したけど行こうとしたその朝
親父に「ぞうすい食ってもええでここで一緒に住んどくろ」って言われて…
出てけなんだな
なんとかなんとか1日ずつやってきた
70年だよ？
血の涙が出るところを通ってきたんだよ

でもイヤな気持ちではすかないという
若い頃は兄弟にまかせて遊びにも行ったわな
自然やとは思っとるこの仕事
天命やとか自分に備わった仕事やと
「いい紙をすく」っていう意欲はあったし努力もしてきた
紙すきの名人となり近年取材を受けることも多い
わし自身は一生懸命やってきただけ
外の人が上げてくれただけ同じことやってるんやから
それに先祖の遺徳に感謝しとるよ
↑後世に残る恩徳
お弟子さんはいますか？
はい
でも握力が40以上やないととらんの
水がくめん
これまでに2名が独立今いるのは30代の女性
あんた30ないな25くらいか
ぎゅー
もっと一生懸命…
55ぐれぇ？わし60ある
ぎゅ～～

弟子入りして最初の試験は
障子の枠より縦横それぞれ1㎜足りない紙をキレイに貼ること
えええ？どうやって!?
しかし
うちに来る弟子みーんな合格！うまく貼れるんやて
今日一番の笑顔！
和紙は神様とゆかりがある
神と人間の境目の紙なんじゃなー
やから無心の紙じゃないとダメなんですよね
神っていうのは「心」やでね
御神燈
御守護
参拝
大祓詞
澤村さんのすいた障子のある部屋へ
あれ私書いた
達筆ですね
自分で勉強した
どこまで勉強したかというと底辺に光があるまで
本物は底辺に光がある

それは真心
真心が大事
急に男女の話に
男と女だって同じだよ？
いつもぴったしカンカンな二人なんておらんのやから
真心大事にしてでも不満がたまってきたらポロッと逃がすところなけなあかん
なるほど
まぁケンカしたらうどん食いに行きゃええ
うどん
それかタコ焼き
この辺じゃフランス料理とはいかん
装飾品やとキリがねぇでなー
腹がふくれるとうまくいくんじゃて
ウィスキーは間違いが起こるでな！
酒はあかん
哲学
でもそれって奥様がそれで許してくれてる…ってことでは…？
そうかもしれん
ということでいろいろ教わりました
もっと話を聞きたかった！
積み重ねてきた毎日に頭が下がります…
そして明るいのが素敵
本物の光を感じました！

紙の意外な使い方

おもち
「目くり餅」
和紙を3日ほど
水に漬けて叩き
葛と合わせて
おみそ汁でこね
おみそ汁に入れて
食べると体にいいと
されていた
こうぞの
食物繊維が
いいのかな

ふとん
「紙ふすま」
江戸時代の庶民は
中身はわら
外は和紙の
掛布団で寝ていた
ペラペラの
ゴザやムシロ
柿渋が
塗ってある
別名「天徳寺」
天徳寺の門前で
売られていたため

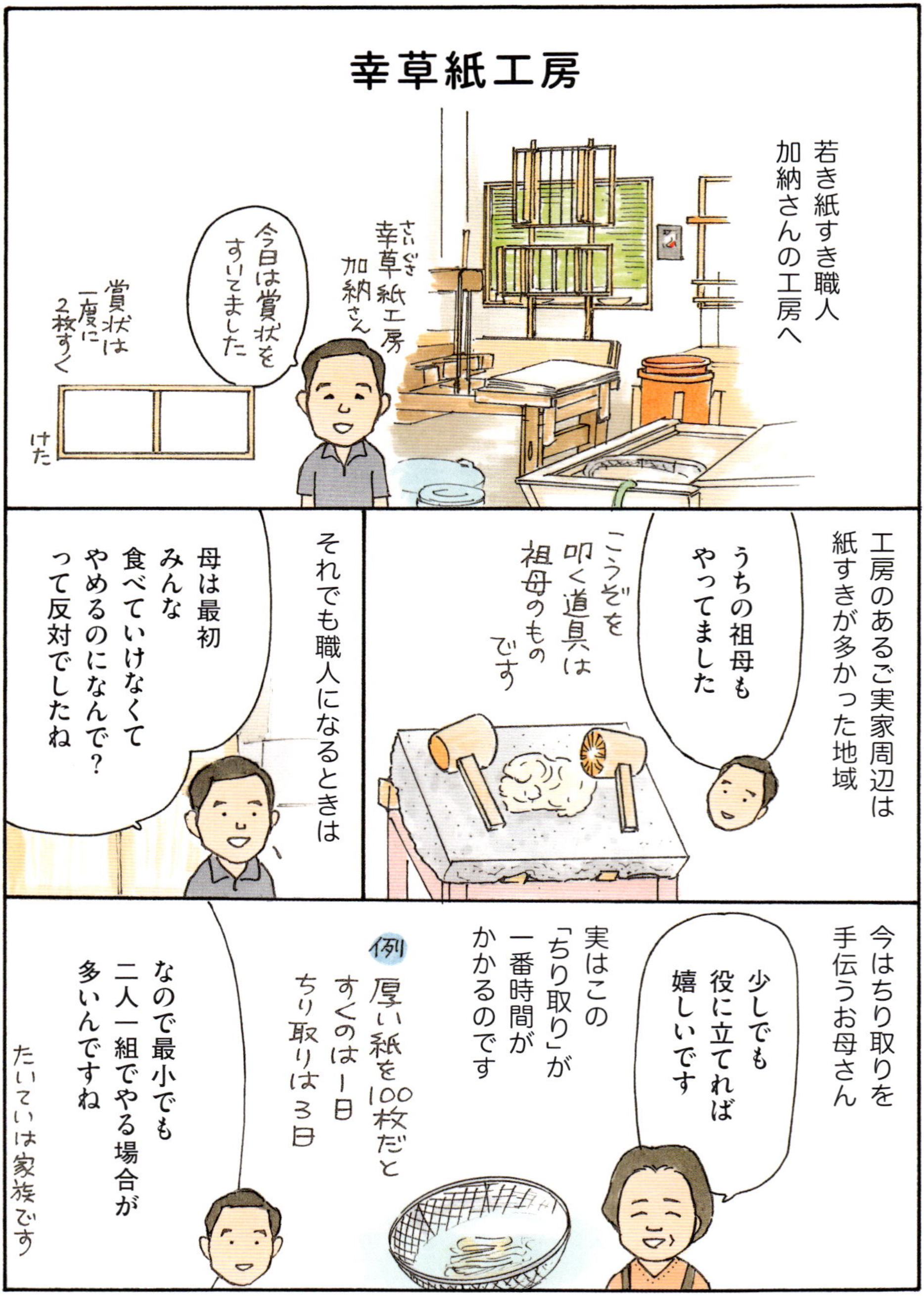
幸草紙工房
若き紙すき職人
加納さんの工房へ
幸草《さいぐさ》紙工房
加納さん
今日は賞状をすいてました
賞状は一度に2枚すく
けた
工房のあるご実家周辺は紙すきが多かった地域
うちの祖母もやってました
こうぞを叩く道具は祖母のものです
それでも職人になるときは
母は最初みんな食べていけなくてやめるのになんで？って反対でしたね
今はちり取りを手伝うお母さん
少しでも役に立てれば嬉しいです
実はこの「ちり取り」が一番時間がかかるのです
例 厚い紙を100枚だとすくのは1日 ちり取りは3日
なので最小でも二人一組でやる場合が多いんですね
たいていは家族です

加納さんはもともと「モノ作り」が好きで高山で「張り子」を作っていた
その後美濃和紙の里会館に勤めて基礎スクールの先生に紙すきを2年習いました
月~金曜の通い弟子
師匠は工房にいなくても水の音だけで状態がわかって指導してくれましたね
加納さんの紙が売れたのは1年経ってから
1日すいたものが干してみたら全部ダメだったこともあります
師匠の教えは「辛抱強く、大らかに」
紙を干す板
今すいてらっしゃるのは「美濃和紙」ですね?
はい
本美濃紙を目指しているところです
本美濃紙がすけるまでには10年かかるとされている
すいた紙は工房の横でも販売
2~3年置きます
湿気と乾燥を繰り返して強くなるんです呼吸してる感じですね
できあがってすぐの紙は字を書いたときにじみやすいが半年~1年でにじまなくなる

日に当たると白くなると聞きましたが
そうです 中性の紙なので劣化の過程が違うし障子に貼れば20年くらい大丈夫です
紙の服もありますね
あったかい
裏地は布
「こんにゃくのり」を塗ると水に強くなるんです
座布団も
戦時中は「風船爆弾」をたくさん作ってアメリカにも達したんですが
和紙で作ってあるのはわかったけど何が塗ってあるかはわからなかったそうです
風船爆弾
直径10m
5層の和紙
約9300発が飛ばされ 約1000発がアメリカ本土に着き 6人が死亡したとされる
さて「幸草」とは
「みつまた」のことです
昔の和歌にあっていいなと思って
必ず3つに分かれていくので「みつまた」
でもその後紙すきをしていた祖母が
90%以上こうぞをすいているこの地域で「みつまた」をすいていたことがわかって…
間違ってなかったなと思います
うんめい!
ええ話や

水うちわ

竹と雁皮紙でできており透けていることや昔は水につけて気化熱で涼んだとされているうちわ

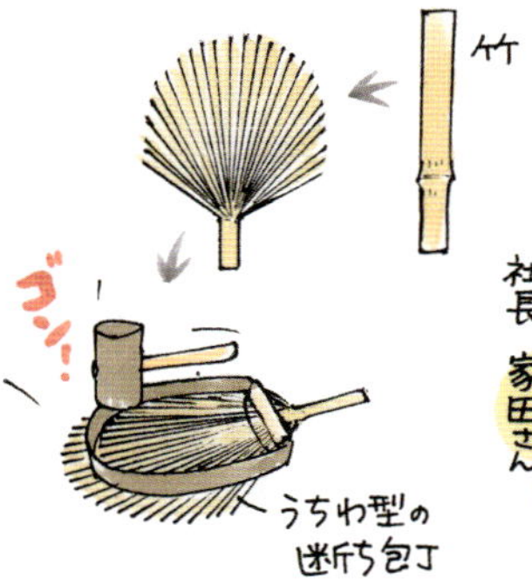

竹はすごく繊細で民家の近くは栄養過多なので山の中に入って切ってきます

家田紙工 社長 家田さん

紙は雁皮100%の手すき和紙

濡れると字が読める透明度

水うちわのワークショップではできあがったものに絵を描く

薄い色を少しずつ重ねると透明感が出ます

paper design works デザイナー 山本さん

そしてニスを塗ると透明に

すりガラスの凸凹が平らになると屈折がなくなって透明になるのと同じことです

家田紙工 職人 久世さん 岐阜提灯の絵付けも

タイトル「何時でしょう」

最近話題の関市「モネの池」です

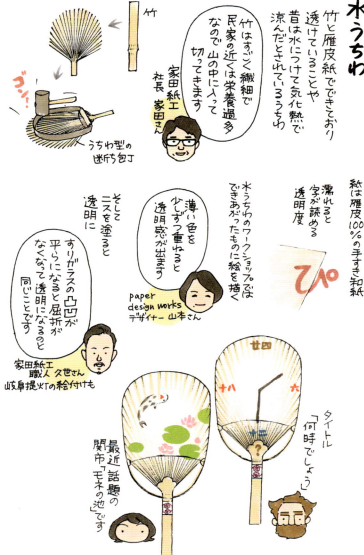

ちょうちん作り

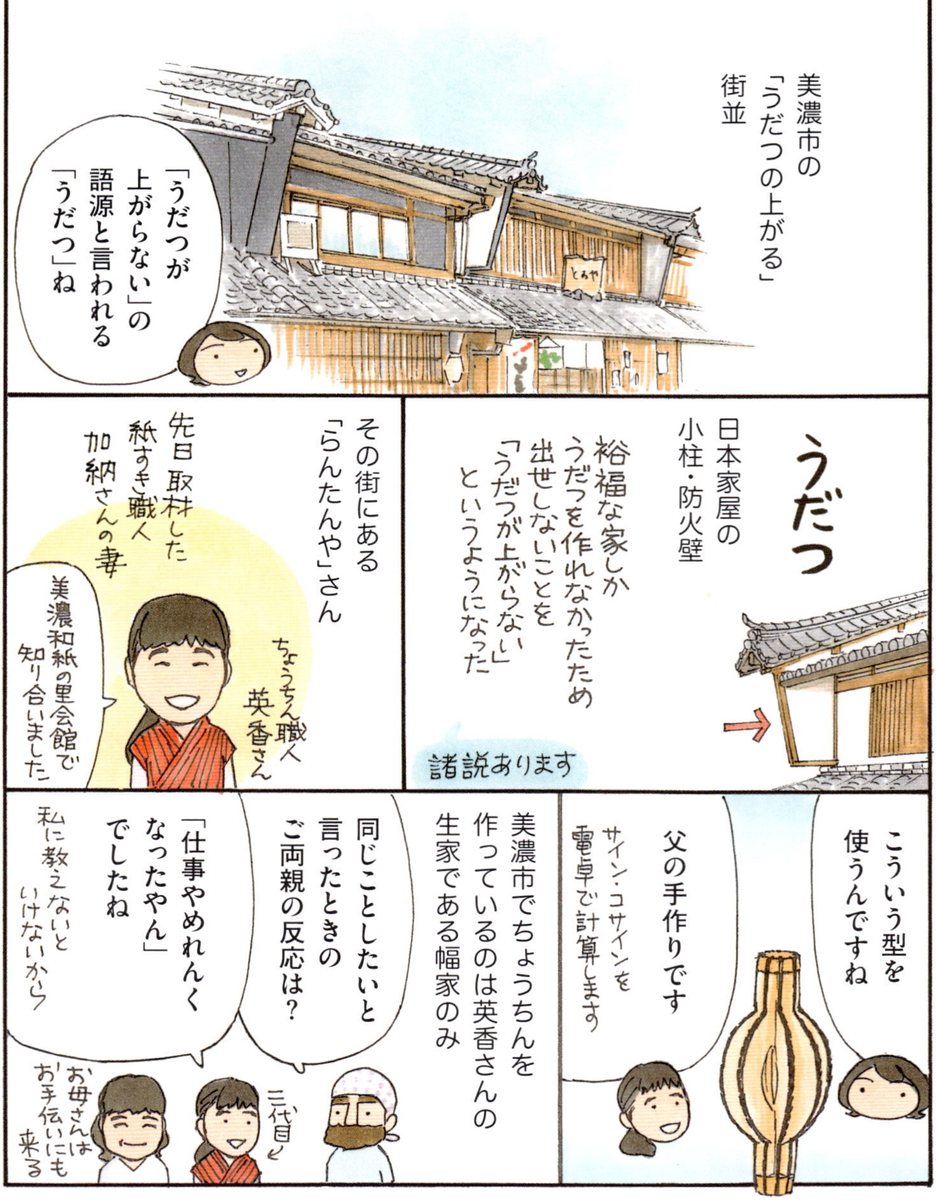
美濃市の「うだつの上がる」街並
「うだつが上がらない」の語源と言われる「うだつ」ね
うだつ
日本家屋の小柱・防火壁
裕福な家しかうだつを作れなかったため出世しないことを「うだつが上がらない」というようになった
諸説あります
その街にある「らんたんや」さん
先日取材した紙すき職人加納さんの妻
ちょうちん職人英香さん
美濃和紙の里会館で知り合いました
こういう型を使うんですね
父の手作りです
サイン・コサインを電卓で計算します
美濃市でちょうちんを作っているのは英香さんの生家である幅家のみ
同じことしたいと言ったときのご両親の反応は?
「仕事やめれんくなったやん」でしたね
私に教えないといけないから
三代目
お母さんはお手伝いにも来る

ちょうちんの作り方は
紙が巻いてある ワイヤーの「ひご」を 型の刻みにひっかけて 巻いていく
切り抜いた 和紙を 8枚貼る
留めていた 端の枠を外し ガシャッと 型をくずして
1本ずつ 抜く
台にひっかけて 完成
私たちは 自分ですいた紙で
ああっ
ガシャ
気をつけないと ヒゴはずれる
型にハンドルを差して 回せる台も父作
湿らせた 和紙を ひごに 貼っていく
和紙は水を かけても大丈夫！
繊維がしっかり からんでいるので
こんなに薄いのに 強いのがすごい
私はドイツで 獅子頭を 作ったんだけど 薄いのに破れなくて しなやかで最高だった
→ドイツでも売ってる
ちなみに歯は 小さな缶
実は丸型と言っても
吊るすものは 下が小さい
置くものは 下が大きい
遠近法で 遠いところが大きいほうが キレイに丸く見えますから

ちょうちんはもともとお祭りで使われていた
祭
ちょうちんは神様のもので頭より上にありましたから下から見てキレイに設計してあります
小田原ちょうちんが大きな発展のきっかけですか？
ぶらさげる型
小田原
そうです外に持って行って歩くようになって神様のものではなくなりましたね
中国から日本へちょうちんが入ってきたのは室町時代という
中国のは竹が縦方向なんですよね
ぼんぼりのように
日本人はたたむのが好きだから横にしたんです
布団
ちゃぶ台
確かにたたみたがり！
ちょうちんは「懐中ちょうちん」もある
着物もぺったんこ
トニーは「まっすぐ型」を製作
紙をつなげたところをカミソリで切ってください
ここがちょうちん屋の真骨頂！
つないだところがキレイであればあるほど高級品として扱われます
ノリで紙が濡れていて難しい

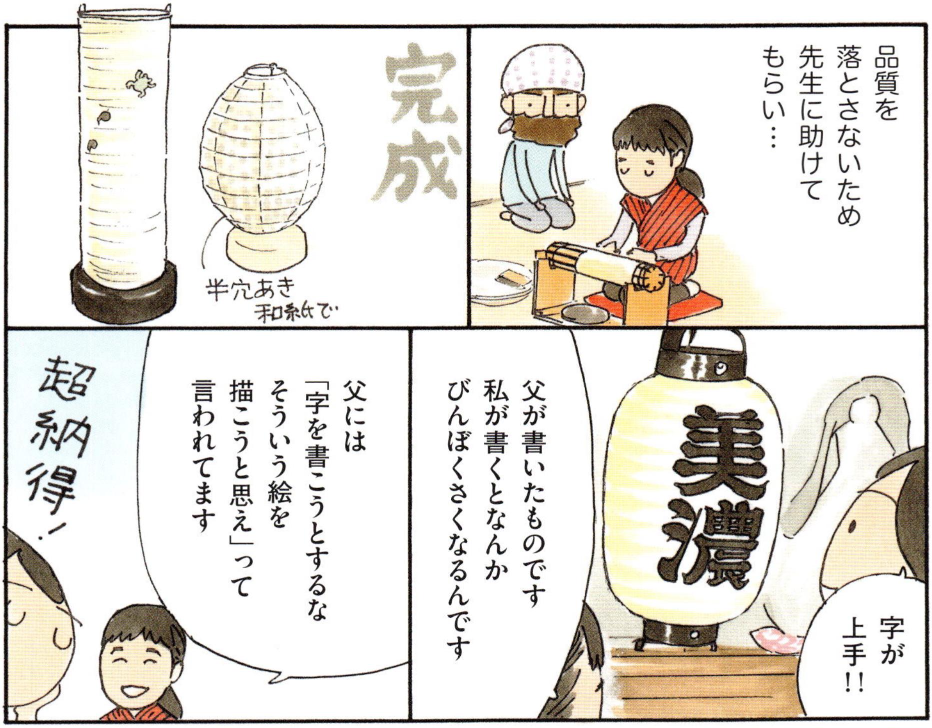
品質を落とさないため先生に助けてもらい…
完成
半穴あき和紙で
父が書いたものです私が書くとなんかびんぼくさくなるんです
美濃
字が上手!!
父には「字を書こうとするなそういう絵を描こうと思え」って言われてます
超納得!

提灯
ちょうちん
ココが付いているのが本当の「ちょうちん」
火袋
雪洞
ぼんぼり
おひなさまにぼんぼりがあるのは江戸時代には婚礼が夜に行われていたからと言われています
花嫁を迎えに行くときにはちょうちんを使った
行灯
あんどん
主に室内で
灯籠
とうろう
石製は主に外で
紙製は灯籠流しに

喜ばれ上手

日本からお土産を持っていくなら、なにがいい？　海外の人に喜んでもらおうと思ったら、それは折り紙に決まっていると思う。惜しくも2位になっているのは海苔。偶然にも、両方とも簡単に荷物に入りやすい平らな形になっており、軽いのだ。便利。海苔が6、7色で生産でき、折っても割れない日がくれば、さらに便利になる。その「折り紙海苔」一品を買っていけばいい。でも、少なくともそれは今年、来年のことではなさそう。

ということで折り紙に決定。例によって、「つまらないものですが」と言いながら折り紙を人に渡してもいいのだけれど、気をつけてほしい。そもそも「つまらない」は概念として訳しにくい。それなりに適切なフレーズを相手の言語で見つけたとしても、伝えたいニュアンスが伝わる保証はない。片手にプレゼント、もう片手に「つまらないものですが」では、相手に「本当にどうでもいいもの」と思われてしまう可能性が十分ある。

問題がもう一つある。折り紙はとっくに有名なのだ。少なくとも半世紀も前から、世界各国で日本の文化代表として著しく成功しているので、多くの人は幼稚園児のときからそれに触れており、よく知っているのだ。折り紙が浸透しているからこそ、相手に「つまらない」という顔をさせないよう、ちょっとした工夫が

Tony's Column

いる。

まず、素材を考えたい。たとえば、自ら漉いた和紙にする。ユニークな模様ができるように、小さな葉っぱが紙の繊維と絡むようにしたい。もし、嫌な顔をされて「この汚れ、何？」と言われてしまったら……ため息一つもらさず、スムーズに我が和紙を取り戻し、引き換えにごくフツーの市販折り紙を渡そう。「ではこちらのほうをどうぞ」。せっかくのオリジナル手作りグッズは、それを鑑賞できる人に差し上げよう。

もう一つの工夫は、「見本」作り。前もって何かを折って、それを折り紙用の紙に添えて渡すと、好感度アップ。ちょっと複雑であまり見ない形にしてみよう。個人的な話だが、慣用句にちなんで折ってみようと考えている。ただの「侍」ではなく……「西向く侍」。「木から落ちた猿」。「猫踏んじゃった」。「遠慮の塊」。

慣用句折り紙。ウケはどうだったか、そのうち、報告したいと思う。

手びねり体験

なぜ
ご飯をよそうのに
「茶碗」って
言うんだろう？
それはね！
奈良時代に
茶碗はお茶と一緒に
中国から入ってきたんだよ
それから
陶磁器全般を
指すようになり
「湯呑み茶碗」
「飯茶碗」と
言われるように
ちなみに江戸時代まで
庶民は木の椀だった
椀
盌
碗
埦
鋺
全部あって
全部「わん」!!
今日は
「抹茶茶碗」から
作ります
まず土を
丸い玉に
してから
平たくします
幸兵衛窯
加藤亮太郎さん
これで
底の大きさが
決まりますが
10～15%
縮むので
それを見越して
大きめに
作ってください
手回し
ろくろ

親指でつまみつつ側面をまっすぐ立ち上げていく
底の土をトントンして締める
ヒモ状にした粘土を一周分乗せる
乗せた境目を消す
中は上から下
外は下から上にこするように
なんかトニーのは土器みたいになってきたけど大丈夫？
まぁ後から削ったりするので自由にやっても大丈夫です
でっかい
あのーボクは完璧でないものを作りたいんですけど
「欠陥品」というか
え？
なに急に
「失敗しちゃいました」みたいなことですか？
まぁ「完璧」でないことが完璧」みたいな
水がもれてもいいし
はい…わかりました
今日は先生も一緒に制作
ボクはお茶もやっていて…
秀吉と利休の戦いがありましたが先生はどっち派ですか？

金色大好き
ハデ好き豊臣秀吉と
洗練されたわびさび茶人
千利休とのいさかいのこと
え?
ハデと地味の
突然きましたね…
あのー日本の焼き物は
地味なほうだと
思うんですよね
色合い的には
秀吉の黄金は
ある意味
ハデですけど
同じと言えば
同じなんです
表裏一体というか
ピカピカ目立つものと
そうでないものは
実はそれほど差がない
ってことですか?
秀吉の趣味の極み
「黄金の茶室」復元
すべて金箔
実際中に入ると
実は金って目立たないな
って思いました
意外と悪くなかった…
陰があるから
光があるって
わかる…
みたいな?
均一な世界ですね
だいたい形が
できあがったところで
茶碗は口に
当たるところが
重要なので
斜めにしましょう
斜めにすると
薄く感じて
口当たりがいい
外側
内側

今回作るのは「織部」風
織部
自由で斬新な形や模様で「古田織部」が好んだもの
緑色も特徴
※古田織部＝千利休の弟子だった大名茶人
織部風にタッチを入れていきますが…
一回底を切りましょう
手に持ってやったほうが面白いので
ヒモで切る
ではとりあえず1本縦ベラを入れてみてください
ぐい
そこに反応して次を入れていく感じで…
先生は何か考えながらやったりするんですか？
織部は左右非対称
特に美濃のものは「不完全美」「ひょうげ」「ゆがみ」が出ていて
右と左のラインが違うので意識してアクセントを加えてますね
へうげ
（ひょうげ）＝「ひょうきん」のなまり
「ふざける」などの意味
→湯呑み
結構重い…さてどうしようかなー
右手で持ってしまった… 左手で削るしかない
静かに覚悟を決めている人

ふるさとの山と「関の三本杉」にしよう…
→関の刀の代表的な刃文
ぐっ
はいチェンジしてください
天の助け…
ぐぐ
ぐ
意外と硬い
内側に少し穴を開けても？
いいですよ
うーん
器とは何か？ってことも浮かんできますね
お茶碗はお茶が入って完成なんですね
そこにお茶が入るという余地を残さないといけない
そしておいしく飲めるという最低条件があります
それは物体的なお茶ではあるんだけど
作り手や使う人の思いや魂が入るという象徴性を持っていると思いますね

銘が付いたり？
銘も持ち主によって変わることがあります茶碗の命が長いので
たとえば「卯花墻《うのはながき》」という器があるのですが…
銘「卯花墻」
作者不詳
描かれた模様が「卯花垣」に見えるので後に銘が付けられ歌も添えられた
卯花垣
やまさとのうのはながきのなかつみちゆきふみわけしここちこそすれ
片桐石州
大名茶人
400年くらい経って単なる器ではなくなってくるという…だからこそ面白いし恐い面もありますね
刀や盆栽も「預かっている」って感覚の人が多いようですね
銘「日暮し」
樹齢400年以上とされる
ちなみに国宝の中で日本製の茶碗は二つしかなくその一つが「卯花墻」
もう一つは白楽茶碗「不二山」
本阿弥光悦作
フチがゆがんだんですけど…！
「欠陥品」を目指した割りに器が小さい

※釉薬＝焼き物の表面にかけるガラス質の液体

手でならしてから
角を落としたり
この辺が
斜めになるように
削る
そしてここを
まず少し
削ってから
高台の本番
角を使って
ぎゅーっと
一周する
ここが命です
一手で決めてください
あまり修正しないで
はい思いきって！
ぎゅーっ
あ　削った後の
ポロポロが残ってて
いいですね
思いきって！
ぐいーっ
いいですね
深い!!
いい高台とは？
土の面白さが
出てればいいですね
いいと思う「幅」が
広いんですよ
ヒビもいいし
そして
飲み口の
下にサイン
サイン
左
飲み口

最後に絵付け
鳥…ちょっと失敗しました
削れば直りますよ
先生やってください
ここ細く
ここですか
そして釉薬をかけてもらう範囲を指定して終了しました
あっちょっとクチバシも細くしてもらっていいですか
あっしっぽもピロッて…ピローーッて…
もはや先生の絵
幸兵衛窯の古陶磁資料館で一番印象的だったのは
織部とペルシアの古い陶器は似てるんですよ
堀さん
ペルシア古陶
織部古陶
雅楽の「面」も「アジア」を感じるものがあるし
日本独自のモノかと思いきや影響を受けてる部分はあるんだ！

ろくろ体験&総評

電動ろくろも体験
こちらでは
「飯茶碗」など作ります
正三角形の感じ
ヒジを足に置く
アクセル
これが基本
姿勢です
スタッフ
日比野さん
まず親指を
真ん中に置いて
中心をとる
この作業、
名前は
「土殺し」!!
まっすぐ
立っているように
親指を
中心に入れて
少し掘る
親指を横に
スライドして
お皿っぽく
卵の
ように
閉じる
準備運動
ですね
さらに
左手を
7時の位置に
立て
右手は
キツネの
ポーズで
中指を中心から
親指の方へ持っていく
右手の親指は6時
脇を締めて
体がブレないように
してください
中と外どっちにも
指がないとダメ

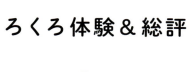

作るのはなんでもいいですがお皿は一番難しいですよ
どんどん広がっていってしまうので
ふーむ
はあぁ
→どんな気持ちかは不明
あぁっ
ゆがんだ!!
すぐゆがむ!!
「まーるく」って言いながら作ってみましょうか
まーるく!!
できた!!
早!!
これはご飯のほか将棋や碁石も入れられる
…ベンリだね
形ができたら
なめし革で口をキレイにして
先生に底の方を指で細くしてもらい
ヒモで切って
チョキで持って台の上へ

先生！残念なお知らせです
わたくし苦戦
ぐにょ
幼稚園のとき粘土遊びしててうまくなくてトラウマだったんだけど…
自転車のハンドル作ろうとしたのは覚えてる
楽しいねー
爪で模様つけてみよう
トニー激しくエンジョイ
そのチョイス!!
今日はその頃できなかったことができて嬉しい
やってみないとわからない楽しさがあるねー
おかしいなー私は粘土得意だったんだけど…
小一の頃小学校で一番自分がパンダ作るのうまいと思っていた
油粘土
どうしても指がブレる…
心のブレか
趣があっていいですよ
趣…
ベンリな言葉
そして2つずつ完成
トニー
さおり

釉薬を選んでおき乾燥後に焼いてもらう
でもその前に
こちらで外側を少し削ります
どうしても厚くて重いので…
手で持つものですから
なるほどー
しかし食器を手に持つ国って意外と少ない気がする
コップ以外の食器に口をつけるのはマナー違反のところも多いいね
おみそ汁も
レンゲ付き
手でも口でも素材を感じられるのいいと思うけどなー
さらにお皿も1枚ずつ絵を描くことに
これでいこう
何ソレ
これは陶器を焼くときに使う「童仙房《どうせんぼう》」
粘土の一種で作品と棚板がくっつかないよう豆状にして間に挟む
絵の具をつけて転がし始めた
くそう
対処法を学んでいる
焼いて送ってもらうのが2カ月後のため今のところで総評
釉薬見本いろいろ

トニーの抹茶茶碗
ダイナミックで大きくていいですね
高台は中心がズレてるので「三日月高台」って言うんですが味わいと言えば味わい
わざとと思われれば勝ちですね
「不完全」「非対称」
当初の目標図らずも達成
茶碗
揺らぎがあって形もスジも面白い中心がズレているのも味わいですね
けなしてるようで…ホメてますよね？
そこが日本の「不完全美」「わびさび」に通じるんです
さおりの抹茶茶碗
高台が素晴らしいですね茶碗の価値が上がりました
ヒビや表情もあるし
たぶん私はモノ作ってきて慣れてるからスパッといけるんだと思います
茶碗とお皿
端正でいいですね
面白味に欠けますね…
余裕がなかった

先生は陶芸家でなければ何になりたかったですか？
物書きですね
その二つは似てると思いますけどね
より多い材料から出発して削ったり掘ったりするし
「自分が作ってない」っていう受け身の部分がある
書かされてる、みたいな
作るときに一番気をつけていることは？
お茶碗ならお茶がおいしく飲めること
お茶をたてやすいかどうかより
あと個性が出て目に止まりやすいこと
先生の作品
イヤな気持ちのときはどうしますか？
「火の神」に祈ることも大事ですね
すがるような気持ちで焼いたり
火は恐いものでありコントロールできないとうまく焼けない
窯を開けてみたら全滅ってときもありますからね
その積み重ねなので…
うまく焼けているのはよくて半分
3割が基準くらいです

割れていても金継《きんつ》ぎでカッコよくなったりハクがつくこともありますが
これも素晴らしい文化ですよね!
金継ぎ
割れた部分をうるしで継ぎ金粉を塗ったもの
その後器到着
正面
中にも少し外に似た穴が
トニー
めっちゃかわいい!!
さおり
正面
よく見てた小山
釉薬はかかりが少なかった
「関の三本杉」
すご〜く迷ったあげく家紋とツル
困るとツル描く
実はワタクシ高校時代にはフラリとデパートの陶芸コーナーに寄っていたくらいの陶器好き
老後の趣味は「豆皿作り」としたい!!
受けてたとう!!
→勝手に!!

投げ方しだい

「書き物」を「書く」。「織り物」を「織る」。そして「焼き物」を……？　確かに、完成させるには焼き物を焼くのだが、「焼き物を成形する」と言いたければ、「焼き物を作る」が一般的かな。

英語では、「焼き物を投げる」と言う。「今朝、茶碗を2、3個投げてきたよ」というノリで。どこかに放るわけでも、ほっぽるわけでなくても。陶芸用語においてのみ、投げる＝作る、なのだ。

はじめて聞いたとき、僕はこれを比喩として捉え、焼き物はある意味で本当に「投げて」作るものだ、と思った。つまり、粘土をやさしく広げ、でも崩れないよう適切に固め、乾きすぎないように水分を足し。そして「これだ！」と、希望の形になったと思えば、気が変わる前に素早く焼き上げるのだ。こうして「投げられた」作品が優雅に宙に舞えたら、成功となる。変に落ちて壊れたら、失敗。

焼き物の投げ方はそういう感じだと確信したところで、念のためというか、恥をかかないためというか――「throw」の語源を調べてみることに。すると、面倒くさい、いや、大変面白い発見をした。なんと、「throw」は14世紀古代英語の「prawan」に由来している。「prawan」と言えば、確かに「prawn」（エビ）に一瞬見えてしまうけれど、海の幸ではなく、実はスラーワンと発音されるもの

Tony's Column

だ（頭の子音は「þ」ではなく「th」音の「þ」）。

さて、肝心なところに突入しよう。実は、「throw」の祖先であるこの「þrawan」には「回す」や「捻る」という意味があった。「回す」「捻る」――ちょうど焼き物を成形する過程そのものではないか！　「throw」にもともとそういう意味があったとは驚き。なぜ陶芸をする人だけが「throw」をこの意味で使うのか？　たぶん焼き物はあまりに古くからある文化だからではないかな。いずれにしても、そのおかげで古代と現代、「回す」「捻る」と「投げる」との、もう隠れてしまった、かつ、ほとんど忘れられたリンクが、今もなお確認できる。

ということで、そう、僕のもともとの理解は間違っていた。そう認めざるをえない。しかし、それでも僕は変わりなく、比喩を大切にしたいと思う。もし再び陶芸工房を訪れる話になったら、また気持ちの上では「投げる」つもり。そしてできあがったものが優雅に宙に舞うかどうか、見てみる。

今度こそ、天井に付いてしまわないように。

美濃焼ミュージアム
日本で見つかった一番古い土器は1万6千年前のもの
青森県で発掘
世界最古の3つに入ります
あとの2つは中国(1万8千年前)とロシア(1万6千年前)
ほかのアジアやアフリカ・ヨーロッパでは9千年くらい前だから東アジア近辺はかなり早いんだって
北海道で見つかった1万4000年前の土器は煮炊きに使ったものとして世界最古
その頃 何をどうやって食べていたかが大きいかな
狩猟やパンのために鍋はなくてもいい
その後1万年は変わらず…
1万年!!
最近の進歩スピードってすごくない!?
ト…1万年…ト
グズッと
やがて硬質土器である須恵器が伝来
古墳時代1500～1600年前
美濃に伝わったのは1300年ほど前ですね
飛鳥時代
所長 渡部さん
その後釉薬が発明されて美的な面が向上

安土桃山時代に
「桃山陶《ももやまとう》」が生まれ
桃山陶
黄瀬戸《きぜと》
志野《しの》
瀬戸黒《せとぐろ》
まっ黒
斬新な形
これらの新しい技術が生まれたことで表現の革新が起こりました
そして織部が誕生
織部
どんどん形などがくずれていった
「古田織部」から始まったかは定かではないですが
実は室町から江戸時代は銅の鉱山景気でバブルだったんですねー
景気がいいと奇妙なものや斬新なものが出てくるんです
バブルで奇妙なものいっぱいできる…
なんかそれ知ってる!!
さてミュージアムには興味深いものがたくさん
貧乏徳利《びんぼうどくり》
戦時下で物が足りない時代には
店名入りをお店が貸し出し広告にもなる
手榴弾
アイロン
ガス台
「ガリ版」用の鉄筆の芯
缶詰
中に入れるものが不足し缶は余った
ゴムパッキン
フタ
防衛食

硬貨も検討された
一銭《いっせん》陶貨《とうか》
1500万枚作られたが発行はされなかった
ドイツやタイでは陶貨が流通していた
タイの「ピー」
「器」っていうと幅広いんですが…どこまでが器と言えるんですかね？
窪みがあれば器だって考えていいのかなと思います
「掌《たなごころ》」が基本
葉だろうが木だろうが全部「空《うつろ》」を抱えている…
それは器だと思います
ミュージアムには人間国宝はじめ美濃を代表する作家のお茶碗で一服できるカフェも
月替わり
和菓子「ききょう」付き
500円
多治見市の花
正面わかる？
飲み口…
薄い…
ここだ!!
私たちは風流さに欠けていた

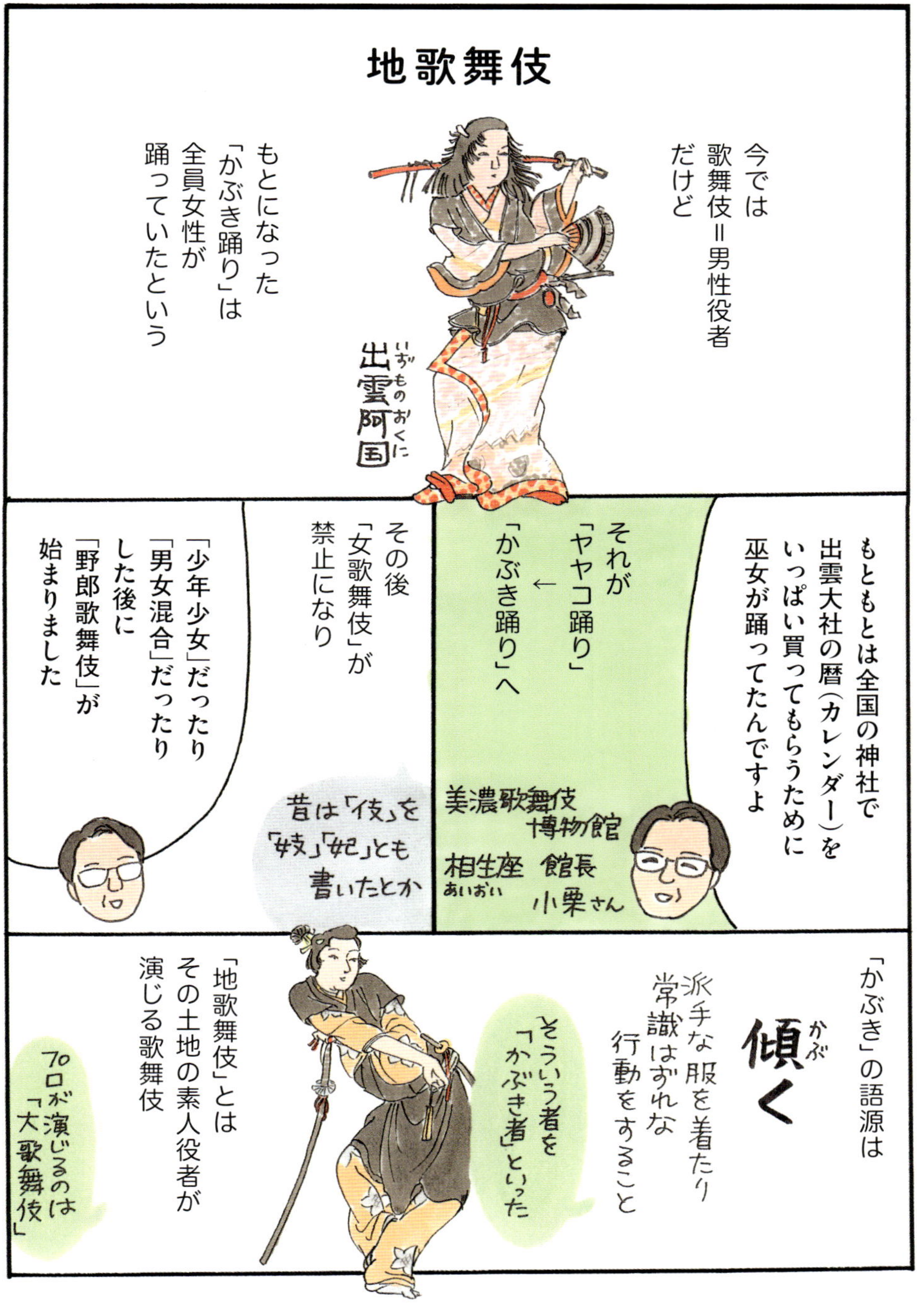
地歌舞伎
今では歌舞伎＝男性役者だけど
もとになった「かぶき踊り」は全員女性が踊っていたという
出雲阿国《いずものおくに》
もともとは全国の神社で出雲大社の暦（カレンダー）をいっぱい買ってもらうために巫女が踊ってたんですよ
美濃歌舞伎博物館
相生座《あいおい》 館長
小栗さん
それが「ヤヤコ踊り」←「かぶき踊り」へ
その後「女歌舞伎」が禁止になり
「少年少女」だったり「男女混合」だったりした後に「野郎歌舞伎」が始まりました
昔は「伎」を「妓」「妃」とも書いたとか
「かぶき」の語源は
傾《かぶ》く
派手な服を着たり常識はずれな行動をすること
そういう者を「かぶき者」といった
「地歌舞伎」とはその土地の素人役者が演じる歌舞伎
プロが演じるのは「大歌舞伎」

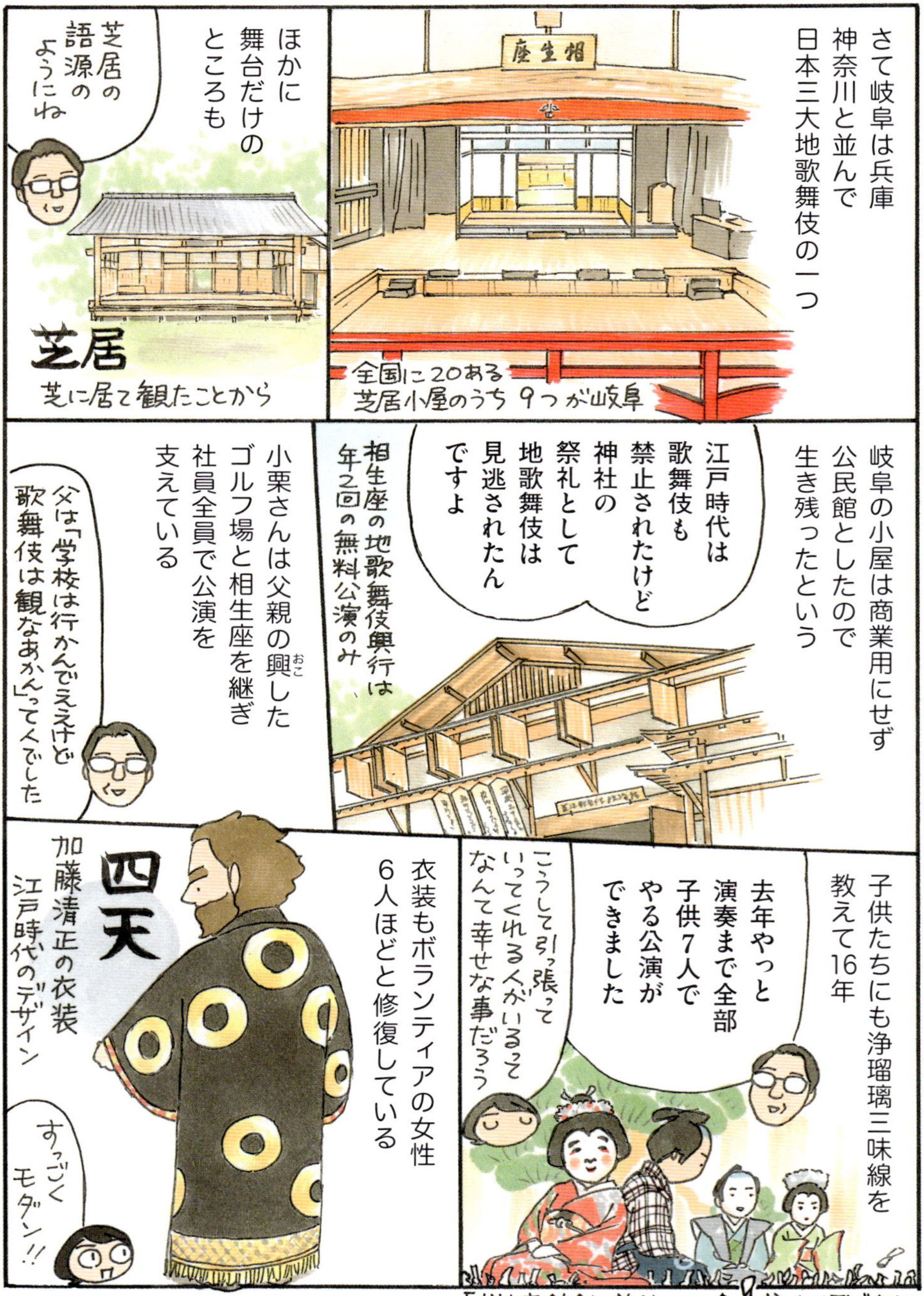

「戎詣恋釣針・釣女」　← おひねり飛びまくり

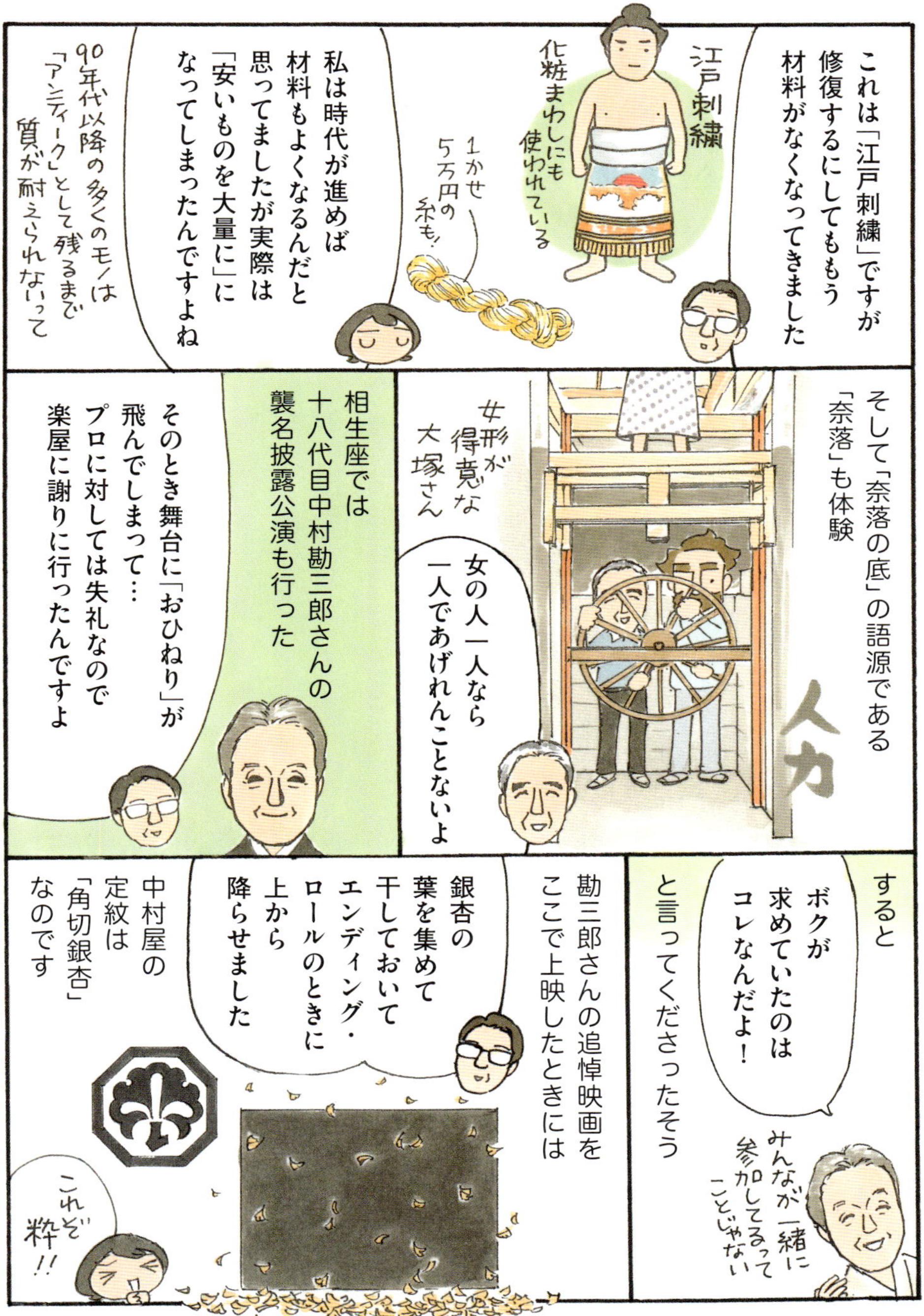

これは「江戸刺繍」ですが
修復するにしてももう
材料がなくなってきました
江戸刺繍
化粧まわしにも使われている
1かせ5万円の糸も!
私は時代が進めば
材料もよくなるんだと
思ってましたが実際は
「安いものを大量に」に
なってしまったんですよね
90年代以降の多くのモノは
「アンティーク」として残るまで
質が耐えられないって
そして「奈落の底」の語源である
「奈落」も体験
女形が得意な大塚さん
人力
女の人一人なら
一人であげれんことないよ
相生座では
十八代目中村勘三郎さんの
襲名披露公演も行った
そのとき舞台に「おひねり」が
飛んでしまって…
プロに対しては失礼なので
楽屋に謝りに行ったんですよ
すると
ボクが
求めていたのは
コレなんだよ!
みんなが一緒に
参加してるって
ことじゃない
と言ってくださったそう
勘三郎さんの追悼映画を
ここで上映したときには
銀杏の
葉を集めて
干しておいて
エンディング・
ロールのときに
上から
降らせました
中村屋の
定紋は
「角切銀杏」
なのです
これぞ粋!!

深い深い陶芸

実は陶芸体験中、ちょっとした不安に襲われた。

僕は工作や構築、成形など、そういう種類の作業をしていると、よく脳がその場から離れ、旅立ってしまう。ぼーっとしていたというか、大げさに言ってみれば、瞑想に準ずる状態。粘土に触れているこのときも連想しはじめ、空想にふけってしまった（普段から集中できていないのを隠すのは上手だから、このときも先生にはばれていないと思うが）。

そのとき、脳がどこへ飛んでいたかというと、昔、バイトで貯めたお金で、1カ月ヨーロッパを旅していた、そういう過去の自分へ。ある安宿で出会った、2年かけて世界一周していた人が教えてくれた話が頭に浮かんできた。

彼はそれまで、もう一人の仲間とインドをまわっていたが、そのとき、とある寺院を訪れ、二人で瞑想体験をした。すると、その同行者は興奮して叫び出したそうだ。

「ここに残る！」

これは一日二日という意味ではなく、ずっとその村の、その寺院で暮らす、と宣言したということだ。そしてその上、彼は浜辺まで行って、自分のパスポートをなんと海に投げ捨てた、というのだ！　国に帰ろうと思っても帰れないよう

Tony's Column

に、と。

そのときもそうだったが、僕は思い出すたびに不安になる、この話。パスポートを海に？　僕はどう転んでもそんなことはしない。でもわずかなきっかけで幻想の旅に出かけてしまう僕だから、たとえばインドの寺院で瞑想でもして、悟ってしまったら何をするかわからない……。

この旅行話を聞いたときから瞑想に対して警戒心が芽生えた。そして瞑想に準ずることに対しても。だから、陶芸体験のとき、不安を覚えた。

「陶芸＝瞑想？」

特に、電動ろくろを回しているとき、陶芸は瞑想に近いと感じた。その回転力を生かして、粘土を適切につねったり引っ張ったりしていると、ちょうどいい曲線が生まれてくる。少しでも油断すればせっかくできあがろうとしている形がゆがんでしまうが、ゆがみとは何か？　曲線とは何か？　飲み口がちょっといびつな形になったら、「煩悩にとらわれない」と言い張ってみたりして、その日だけしかできない、ユニークな花瓶……いや、壺……いや、茶碗を成形し、仕事を終える。いい汗かいたなあ、と言いながら。

でも悟らないよう、警戒しなくちゃ。

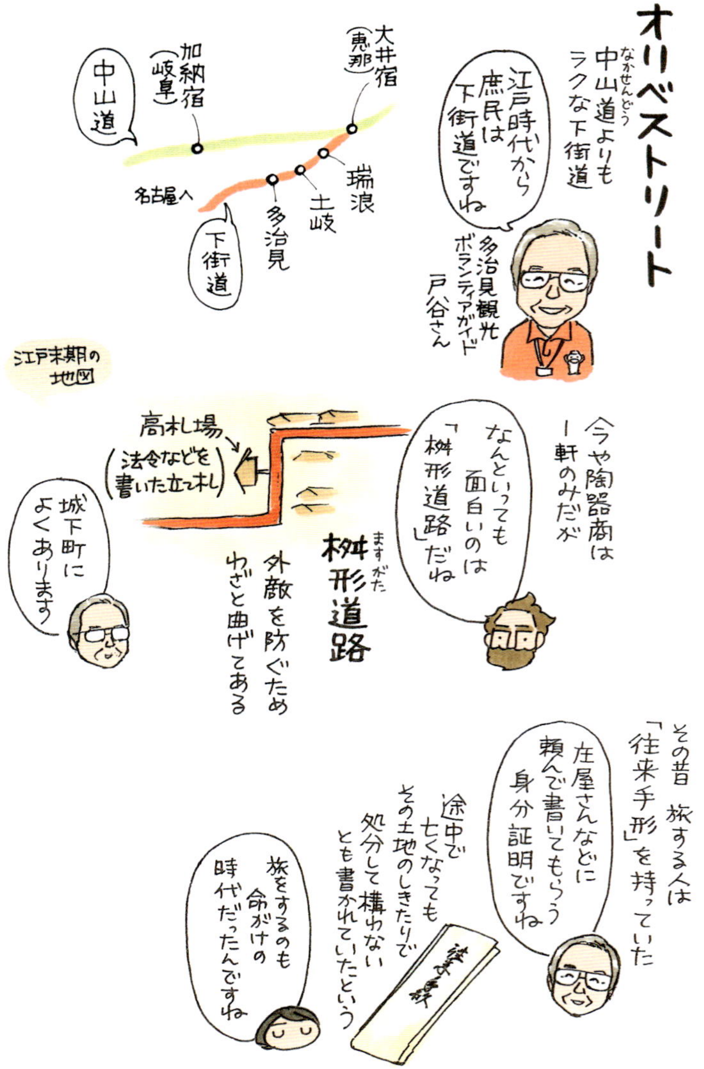

オリベストリート
中山道《なかせんどう》よりもラクな下街道
江戸時代から庶民は下街道ですね
多治見観光ボランティアガイド 戸谷さん
大井宿（恵那）
加納宿（岐阜）
中山道
瑞浪
土岐
多治見
名古屋へ
下街道
今や陶器商は1軒のみだが
なんといっても面白いのは「桝形道路」だね
桝《ます》形《がた》道路
外敵を防ぐためわざと曲げてある
高札場
（法令などを書いた立て札）
城下町によくあります
江戸末期の地図
その昔 旅する人は「往来手形」を持っていた
庄屋さんなどに頼んで書いてもらう身分証明ですね
途中で亡くなってもその土地のしきたりで処分して構わないとも書かれていたという
旅をするのも命がけの時代だったんですね

手に持って、行こう

今まで
道具や素材を
作ってきた私たち
→黄金比
(和紙は白銀比)
さて！
使ってみよう！
早く
使いたかったー
めっちゃ
切れる！
包丁の刃は
ステンレスより
分厚いけど
自分(包丁)より
薄くも切れる
おとうふ
片刃だから
気を抜くと
少し右へ
流れるかな…
でも意識すれば
大丈夫

ホントだ
ステンレスと同じか
それ以上に切れるね
この器は
ご飯すくい
やすいよ
ドヤ
碁石を入れる
器って
昔の食器の
名前らしいよ
もしかして
両方に使ってた人いるかも…？
碁石を入れる器
「碁笥《ごけ》」
「笥《け》」は食器を指す
昔の言葉
「箪笥《たんす》」にも字が
残っている
おはしは割りばしと
同じくらい軽いね
自分の好きな
細さにできる
とこがいいな
細いのがスキ
あっ！
この先っぽ
削った
思い出が
よみがえる…
チーズナイフも

チーズじゃなくてもよく切れるね
片付けるときの手間はかかるけど
どこか旅行に持って行って使いたい感じ
シースナイフももちろんだけど
これは…食卓には合ってないかも…
一色多かった気がする
そう？気にするほどでもないよ
どれか一色と言われれば明るい緑を抜いても？って感じもするかな…？
こうして食べながら謙虚にもなれる…
そんな器はなかなかない
お茶も
飲み口があるからバッチリだ！
飲むたびふるさとを思い出す…
しかしすごいよね

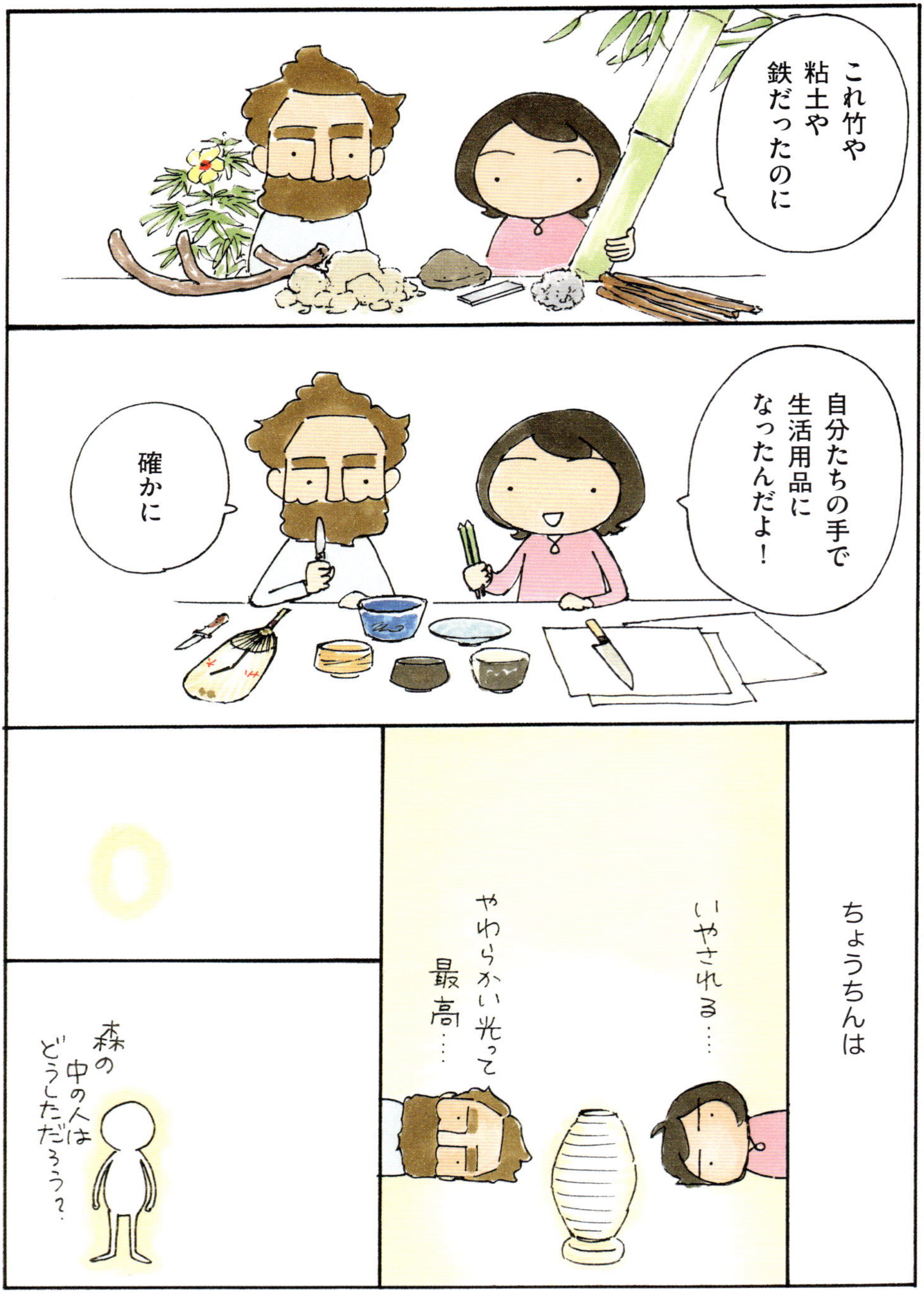
これ竹や粘土や鉄だったのに
自分たちの手で生活用品になったんだよ！
確かに
ちょうちんは
いやされる……
やわらかい光って最高……
森の中の人はどうしただろう？

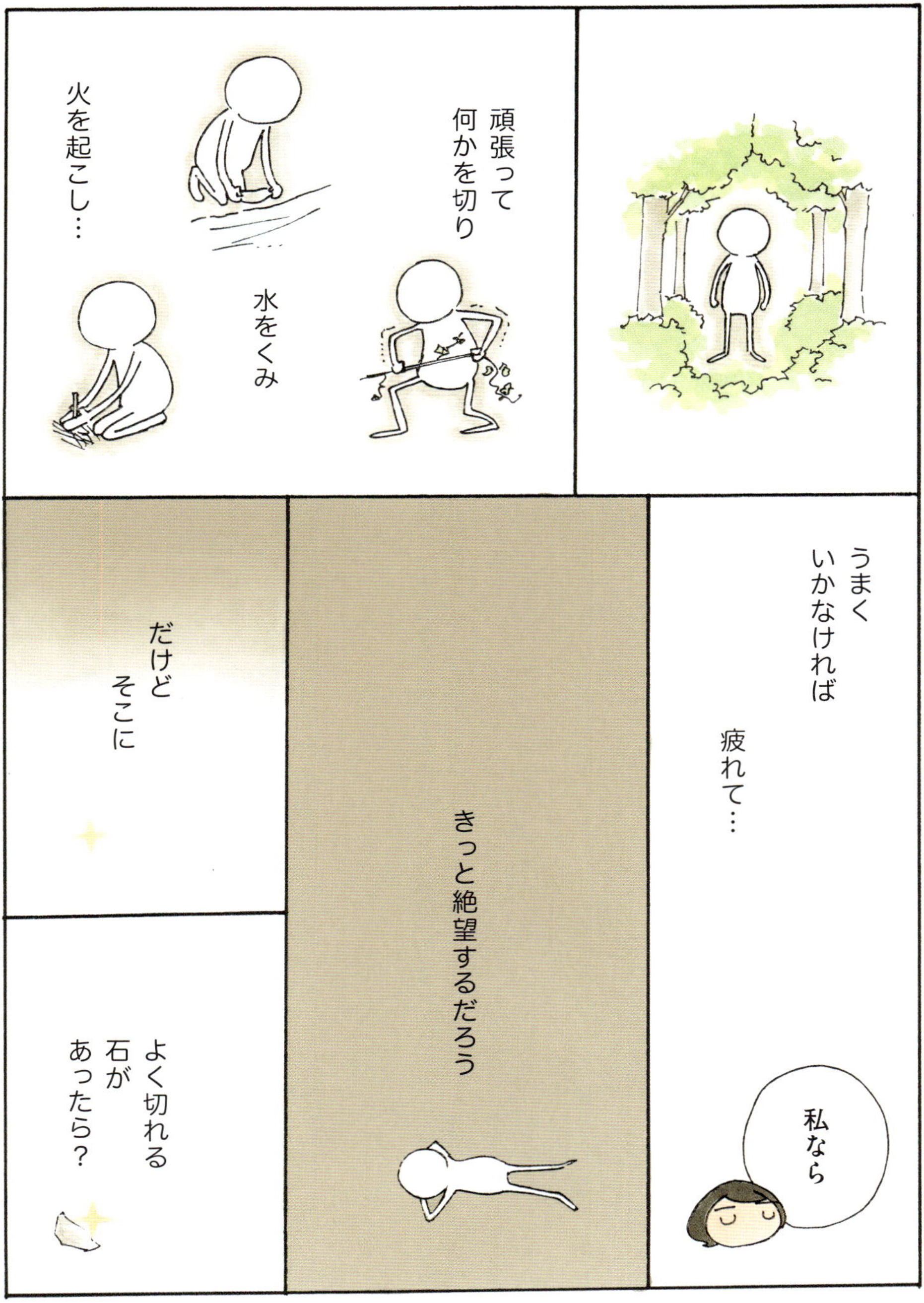
頑張って
何かを切り
水をくみ
火を起こし…
うまく
いかなければ
疲れて…
私なら
きっと絶望するだろう
だけど
そこに
よく切れる
石が
あったら？

切って
みよう
大きな器になる
木があったら?
水が
貯められる
ナイフを作ったとき
器を作ったとき
嬉しかった
だろうね
叫んだかも
しれない
布を
作ったとき
紙を
作ったとき
早く
使いたい
何を
入れようか
もっと
こうしたら
次は何を
作ろうか

そのとき

人は

前を
向いている

それは
希望が
生まれた
瞬間

必要なものを作ること
欲しいものを作ること

それは希望も作るということ

人がその手で
作るもの

たくさんの

少しの

思い思いの

大切なものと

そして

その

希望を

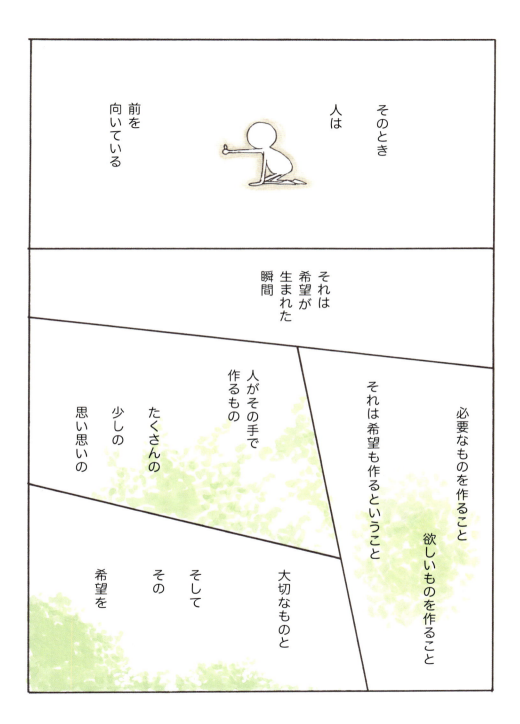

手に持って、
行こう！

参考文献

『刀と日本語』調所一郎 著（里文出版）
『世界大百科事典』（平凡社）
『21世紀こども百科 もののはじまり館』近藤二郎 総監修（小学館）
『時代風俗考証事典』林 美一 著（河出書房新社）
『江戸の冠婚葬祭』中江克己 著（潮出版社）
『日本生活史辞典』木村茂光・安田常雄・白川部達夫・宮瀧交二 編（吉川弘文館）
『墨のすべて』為近磨巨登 著（木耳社）
『和紙の源流—東洋手すき紙の多彩な伝統』久米康生 著（岩波書店）
『和紙文化研究事典』久米康生 著（法政大学出版局）
『黄菊花都路 1』十返舎一九作、歌川国芳 画（井筒屋）
『翻刻 江戸時代料理本集成 第四巻』吉井始子 編（臨川書店）
『茶碗と日本人』吉良文男 著（飛鳥新社）

取材協力（敬称略）

関市 市長　尾関健治
関市 産業経済部 観光課　戸川勇太
刀鍛冶　福留裕晃（刀匠名：房幸）
関鍛冶伝承館　江西奈央美
岐阜県刃物会館　山藤 茂、松並孝夫
ガーバー・サカイ株式会社　坂井澄雄、坂井芳郎、坂井貞治
宮内庁式部職小瀬鵜匠　足立陽一郎
美濃和紙の里会館　須田亜紀、渡辺賢一
澤村正工房　澤村 正
幸草紙工房　加納 武
手造 らんたんや　加納英香
家田紙工株式会社　家田 学、久世敏康
paper design works　山本愛子（ワークショップ協力）
THE GIFTS SHOP（岐阜県産品ショップ）　冨田 力
幸兵衛窯　加藤亮太郎、堀 久仁子
幸兵衛窯作陶館　日比野衣里
多治見市美濃焼ミュージアム　渡部誠一
多治見観光ボランティア　戸谷達也
美濃歌舞伎博物館 相生座　小栗幸江、大塚富男

本書記載の内容は2018年5月現在のものです。

小栗左多里　おぐり・さおり

岐阜県生まれ。子どもの頃から絵を描くのが好きで、多摩美術大学進学を機に上京。『コーラス』で漫画家デビュー。2012年、息子の小学校進学を機にベルリンに移住。夫のトニー・ラズロ氏との日常を描いた『ダーリンは外国人』シリーズ、英語と日本語の不思議や違いを描く『ダーリンの頭ン中①〜②』（共にKADOKAWA）、海外の歴史や文化を紹介する『大の字』シリーズ（ヴィレッジブックス）など、著者累計発行部数は400万部を超える。最新刊は、『ダーリンの東京散歩　歩く世界』（小学館）。
Twitter　@OGURISaori
Instagram　oguri_saori_berlin

トニー・ラズロ

ハンガリー人の父とイタリア人の母の間に生まれ、アメリカに育つ。ヨーロッパやアジアを旅する中で日本にたどり着き、拠点を日本として執筆活動を開始。自他ともに認める「語学オタク」であり、多言語を解する。多文化共生を研究するNGO「一緒企画（ISSHO）」を運営。右記共著のほか、『トニー流　幸せを栽培する方法』（ソフトバンク文庫）、『英語にあきたら多言語を！　ポリグロットの真実』（アルク）などの著書がある。

手に持って、行こう
ダーリンの手仕事にっぽん

2018年6月18日　第1刷発行

著者　小栗左多里、トニー・ラズロ
発行者　長谷川 均
編集　浅井四葉

企画・編集　大嶋峰子（MEGIN）
ブックデザイン　三瓶可南子
協力　伊藤 剛（A.I）

発行所　株式会社ポプラ社
〒160-8565　東京都新宿区大京町22-1
電話　03-3357-2212（営業）　03-3357-2305（編集）
一般書事業局ホームページ　www.webasta.jp
印刷・製本　図書印刷株式会社

N.D.C.914／159P／21cm／ISBN978-4-591-15923-1